OHM大学テキストシリーズ　シリーズ巻構成

刊行にあたって

編集委員長　辻　毅一郎

　昨今の大学学部の電気・電子・通信系学科においては，学習指導要領の変遷による学部新入生の多様化や環境・エネルギー関連の科目の増加のなかで，カリキュラムが多様化し，また講義内容の範囲やレベルの設定に年々深い配慮がなされるようになってきています．

　本シリーズは，このような背景をふまえて，多様化したカリキュラムに対応した巻構成，セメスタ制を意識した章数からなる現行の教育内容に即した内容構成をとり，わかりやすく，かつ骨子を深く理解できるよう新進気鋭の教育者・研究者の筆により解説いただき，丁寧に編集を行った教科書としてまとめたものです．

　今後の工学分野を担う読者諸氏が工学分野の発展に資する基礎を本シリーズの各巻を通して築いていただけることを大いに期待しています．

通信・信号処理部門
- ▶ディジタル信号処理
- ▶通信方式
- ▶情報通信ネットワーク
- ▶光通信工学
- ▶ワイヤレス通信工学

情報部門
- ▶情報・符号理論
- ▶アルゴリズムとデータ構造
- ▶並列処理
- ▶メディア情報工学
- ▶情報セキュリティ
- ▶情報ネットワーク
- ▶コンピュータアーキテクチャ

編集委員会

編集委員長　辻　毅一郎（大阪大学名誉教授）

編集委員（部門順）

共通基礎部門	小川 真人	（神戸大学）
電子デバイス・物性部門	谷口 研二	（奈良工業高等専門学校）
通信・信号処理部門	馬場口 登	（大阪大学）
電気エネルギー部門	大澤 靖治	（東海職業能力開発大学校）
制御・計測部門	前田 裕	（関西大学）
情報部門	千原 國宏	（大阪電気通信大学）

（※所属は刊行開始時点）

OHM 大学テキスト

電気回路 I

黒木修隆 ――――［編著］

「OHM大学テキスト　電気回路Ⅰ」
編者・著者一覧

編 著 者	黒木 修隆（神戸大学）	[10～13章]
執 筆 者 （執筆順）	井上 一成（奈良工業高等専門学校）	[1, 2章]
	浅井 文男（奈良工業高等専門学校）	[3, 4章]
	森脇 和幸（神戸大学）	[5～8章]
	竹野 裕正（神戸大学）	[9, 15章]
	芳賀　宏（摂南大学）	[14章]

本書を発行するにあたって，内容に誤りのないようできる限りの注意を払いましたが，本書の内容を適用した結果生じたこと，また，適用できなかった結果について，著者，出版社とも一切の責任を負いませんのでご了承ください．

本書は，「著作権法」によって，著作権等の権利が保護されている著作物です．本書の複製権・翻訳権・上映権・譲渡権・公衆送信権（送信可能化権を含む）は著作権者が保有しています．本書の全部または一部につき，無断で転載，複写複製，電子的装置への入力等をされると，著作権等の権利侵害となる場合があります．また，代行業者等の第三者によるスキャンやデジタル化は，たとえ個人や家庭内での利用であっても著作権法上認められておりませんので，ご注意ください．

本書の無断複写は，著作権法上の制限事項を除き，禁じられています．本書の複写複製を希望される場合は，そのつど事前に下記へ連絡して許諾を得てください．

(社)出版者著作権管理機構
(電話 03-3513-6969, FAX 03-3513-6979, e-mail: info@jcopy.or.jp)

JCOPY ＜(社)出版者著作権管理機構　委託出版物＞

まえがき

　電気回路論というタイトルの書籍は数え切れないくらいある．そんな中で本書が目指したものは，「大学の講義に最適な教科書」である．大学の講義は1週間に1回のペースで，半期に約15回実施される．理系の教員は学会出張も多いから，それ以上の補講はほぼ望めない．そこで本書では，一つの章を必ず1回の講義で終了する分量に抑え，15章構成とすることにこだわった．また，板書にも配慮した．例えば，複素数を明示するためのドット（・）の使用を最小限に抑えた．板書する教員や試験で解答する学生にとって，ひたすら（・）を付けることは苦痛であるし，いずれは数学やプログラミングの世界と同様に，（・）を付けなくても複素数であることを自分で意識できるようになる方がよい．また，本書では回路記号を新規格に統一した．大学の教員はギザギザの抵抗に未練があるかも知れないが，中学・高校の教科書が改訂されて久しくなり，ギザギザを見たこともない学生が増えている．ここはひとつ，教員側も新規格に慣れてみてはどうだろうか．

　本書の執筆者らはほとんどが現役で電気回路論の講義を担当する教員である．近年の学生の学力レベルや，1回の講義で進む分量をよく知っている．本書では学生にとってわかりにくいであろう部分を丁寧に解説し，逆に今すぐ必要でない部分をバッサリ切り捨てることにした．多くの理系学科において「電気回路論」は最も基礎的な科目であり，次につながる科目は「電気回路論Ⅱ」「電気機器」「電力工学」のような科目であろう．本書はそれらの科目へのつながりを意識し，必要かつ十分な内容となるよう配慮した．学生は難しい教科書を中途半端に理解するよりも，本書を完璧に理解することを目指して欲しい．

2012年8月

編著者　黒木修隆

目次

1章 電気回路の基礎
1・1 電荷と電流　*1*
1・2 電圧　*4*
1・3 電力　*5*
1・4 電力量　*6*
1・5 直流と交流　*7*
1・6 電気回路の構成要素，素子　*8*
演習問題　*10*

2章 *RLC* の基本的性質
2・1 抵抗（オームの法則）　*11*
2・2 インダクタ（コイル）　*14*
2・3 キャパシタ（コンデンサ）　*18*
演習問題　*21*

3章 回路要素の接続と性質（1）
3・1 直列接続　*22*
3・2 並列接続　*23*
3・3 コンダクタンス　*23*
3・4 合成抵抗　*24*
3・5 分圧と分流　*25*
演習問題　*27*

4章 回路要素の接続と性質（2）
4・1 直並列回路　*29*
4・2 Y-△変換　*31*
4・3 ブリッジ回路　*32*
演習問題　*34*

5章 交流の基礎
5・1 正弦波交流の瞬時値　*36*
5・2 波高値と実効値　*39*
5・3 位相　*40*
演習問題　*41*

6章 フェーザ表示と複素数表示
6・1 複素数　*43*
6・2 複素平面　*44*
6・3 オイラーの式　*45*
6・4 加減算　*46*
6・5 乗除算　*47*
6・6 フェーザ表示と複素数表示　*49*
演習問題　*51*

目次

7章 フェーザによる交流回路の解析
- 7・1 電圧と電流のフェーザ表示　*53*
- 7・2 抵抗における基本関係式　*54*
- 7・3 インダクタにおける基本関係式　*55*
- 7・4 キャパシタにおける基本関係式　*57*
- 演習問題　*58*

8章 インピーダンスとアドミタンス
- 8・1 インピーダンスとアドミタンス　*60*
- 8・2 回路要素の直列接続　*63*
- 8・3 回路要素の並列接続　*64*
- 8・4 直並列回路　*67*
- 8・5 交流ブリッジ回路　*68*
- 演習問題　*69*

9章 交流回路の電力
- 9・1 瞬時電力と平均電力　*71*
- 9・2 交流回路の電力の表現　*76*
- 9・3 交流回路の消費電力の計算　*79*
- 9・4 複素電力　*81*
- 演習問題　*83*

10章 回路網の諸定理（1）
- 10・1 節点の電位と電位差　*85*
- 10・2 キルヒホッフ則　*87*
- 10・3 網目電流法　*89*
- 10・4 節点電位法　*91*
- 演習問題　*93*

11章 回路網の諸定理（2）
- 11・1 重ね合わせの理　*94*
- 11・2 開放電圧と短絡電流　*97*
- 11・3 鳳・テブナンの定理　*99*
- 11・4 ノートンの定理　*100*
- 11・5 整合　*101*
- 演習問題　*104*

12章 電磁誘導結合回路（1）
- 12・1 相互インダクタンス　*107*
- 12・2 電磁誘導結合回路の基礎式　*108*
- 12・3 接続例　*109*
- 12・4 等価回路　*111*
- 演習問題　*112*

13章 電磁誘導結合回路（2）
- 13・1 密結合　*115*
- 13・2 変圧器結合回路　*116*

目 次

13・3　負荷接続と等価回路　　*117*
13・4　理想変圧器　　*118*
13・5　変圧器結合回路と理想変圧器の関係　　*120*
　　　演習問題　　*122*

14章　共振回路

14・1　共振回路　　*124*
14・2　回路素子の良さ　　*127*
14・3　直列共振回路　　*128*
14・4　並列共振回路　　*133*
　　　演習問題　　*137*

15章　三相交流回路

15・1　三相交流電源　　*138*
15・2　対称三相交流回路の解析　　*141*
15・3　対称座標法　　*144*
15・4　三相交流回路の電力　　*149*
　　　演習問題　　*150*

演習問題解答　　*153*
索　引　　*163*

1章 電気回路の基礎

われわれがふだんよく耳にする電流や電圧は，電荷の移動や仕事量に基づいて定義されるものである．本章では，電荷や電気の素量について学び，電流，電圧，さらに電力など，電気用語の基礎的な概念について学習する．また，電気回路を構成する基本素子となる電源，抵抗，インダクタ（コイル），キャパシタ（コンデンサ）とそれらについての物理量を学習する．

1・1 電荷と電流

〔1〕電 荷

すべての物質は原子という基本粒子からなる．原子には百数種類の異なった構造があるが，いずれも図1・1に示す構成要素で説明することができる．原子の中心には原子核があり，さらに原子核はプラスの電気を帯びた陽子と，電気的に中性な中性子と呼ばれる素粒子で構成される．その結果，原子核はプラスに帯電した状態となる．原子核のまわりには，マイナスの電気を帯びた**電子**と呼ばれる素粒子が一般に楕円軌道で周回する．陽子がもつプラスの電気量と電子がもつ

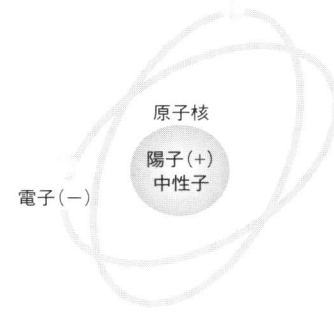

図1・1　原子構造のモデル

マイナスの電気量は，互いに打ち消し合っているため，原子全体では電気的に中性を保つ状態となる．

陽子がもつプラスの電気量や電子がもつマイナスの電気量について，国際単位系（The International System of Units：SI）で定められる単位がC（クーロン）で，陽子1個がもつ電気量は，1.6×10^{-19} C である．電荷（電荷量）は，電気量と同じ意味として扱われる同義語で，正負の表し方がある．例えば，陽子は正電荷，電子は負電荷である．また電気量は，陽子1個がもつ電荷を基本単位eとする電荷素量を用いて表すこともできる．例えば，一つの陽子と一つの電子をもつ水素（H）原子の場合，原子核中の電気量は+eであり，電子の電気量は-eとなる．同様に，6個の陽子と6個の電子をもつ炭素（C）原子では，原子核中の電気量は+6eであり，電子の電気量は-6eとなる．このようにすべての原子において，原子核のもつプラスの電気量と電子がもつマイナスの電気量は，それぞれ電荷素量の整数倍で表される．

〔2〕電　流

ある時間内における導体中の単位面積を通過する電荷の量など，電流についての詳細は電気磁気学で学ぶが，電気回路を扱う本書において，電流とは電荷の流れを意味する．電子はマイナスに帯電した素粒子であるが，**図1・2**のように，電流の向きはプラスの電荷（正電荷）の移動方向で表すため，電子の移動とは逆向きとなる．

電流の大きさは，単位時間に移動した平均的な電荷量によって単位A（アンペア）で定義する．すなわち，時間Δt〔s〕内に移動した総電荷量がΔQ〔C〕

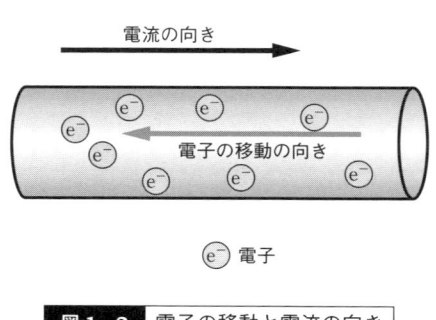

図1・2　電子の移動と電流の向き

であった場合，このときの平均電流 I〔A〕は

$$I = \frac{\Delta Q}{\Delta t} \text{〔A〕} \tag{1・1}$$

となる．ある導線内において1秒間に $1/(1.6 \times 10^{-19})$ 個の電子が移動した場合，このときの電流が1Aである．電流の単位について，われわれの身のまわりでは，アンペアの 10^{-3} 倍を表すmA（ミリアンペア），アンペアの 10^{-6} 倍を表す μA（マイクロアンペア）を多く用いる．また送電線などではアンペアの 10^3 倍を表すkA（キロアンペア）も用いる．電気回路において電流は，**向きと大きさを扱う**ベクトルで表すことを理解しよう．

例題 1・1

表1・1はある導線内を通過する電荷量を10ms刻みで表したものである．各10ms間の平均電流と0～30msにおける平均電流を求めよ．

表 1・1

時間〔ms〕	通過した電荷量〔C〕	平均電流
0～10	6.8×10^{-6}	
10～20	8.4×10^{-6}	
20～30	4.8×10^{-6}	

■答え

0～10 ms では，$(6.8 \times 10^{-6})/(10 \times 10^{-3}) = 6.8 \times 10^{-4}$ A $= 0.68$ mA

10～20 ms では，$(8.4 \times 10^{-6})/(10 \times 10^{-3}) = 8.4 \times 10^{-4}$ A $= 0.84$ mA

20～30 ms では，$(4.8 \times 10^{-6})/(10 \times 10^{-3}) = 4.8 \times 10^{-4}$ A $= 0.48$ mA

0～30 ms では，$(0.68 + 0.84 + 0.48)/3 = 0.67$ mA

電源は，回路に電流を供給する素子であり，これを**起電力**と呼んでいる．電源は，電流を回路に向かって流出する＋端子と，回路から流入する－端子をもつ．また時間によって電流の向きと大きさが変化しない**直流電源**と，時間によって電流の向きや大きさが変化する**交流電源**がある．直流電源を含む電気回路では，電源の＋端子側から回路に向かって，そして回路から電源の－端子側に戻

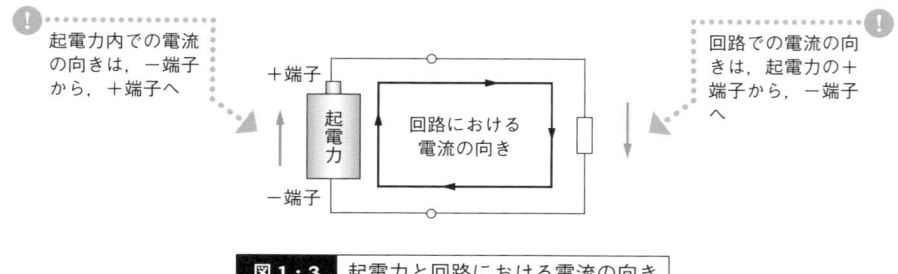

図1・3 起電力と回路における電流の向き

る向きに電流が流れる．そのため，起電力の内部においては，－端子から＋端子に向かって電流が流れることになる．このことは，後に学ぶ交流回路において，電源のほかインダクタンスが起電力として作用する場合の理解に役立つ．回路と起電力内における電流の向きに注意しよう（図1・3）．

1・2 電　　圧

　電気の流れは，水の流れと対比させて考えるとわかりやすい．水は高い位置から低い位置へと流れ，一般に水の位置を水位で表している．同じように電気の流れ，電流も高い位置から低い位置へと流れる性質があり，水位に代わる電気的位置を**電位**（単位 V（ボルト））と呼んでいる．2点 A，Bの電位をそれぞれ V_A，V_B とするとき，電位の差 $V_A - V_B$ を**電位差**，または**電圧**という．たとえ電位の値がいかに高くとも，2点間に電位差がなければ電流は流れないことに注意しよう．これも水流に例えるとわかりやすい．単位について，ボルトの 10^{-3} 倍を表す mV（ミリボルト），ボルトの 10^{-6} 倍を表す μV（マイクロボルト）や，また送電線などで用いるボルトの 10^3 倍，10^6 倍を表す kV（キロボルト），MV（メガボルト）も合わせて覚えよう．また電位の基準は，地球大地の電位を 0V として扱う．そのため電気回路においてこの電位と等しくすることを**接地する**，または**アース**（earth）するという．

　正の電荷を，電位差 V〔V〕がある2点間に置くと，電位の高いほうから低いほうへ向かって力を受けて移動し，これによって電流が生じる．逆に電位差のない場において電流は発生しない．すなわち，電荷は電位差によって仕事を受けたことになり，**1Cの電荷がある2点間を移動するのに必要な仕事量が1**

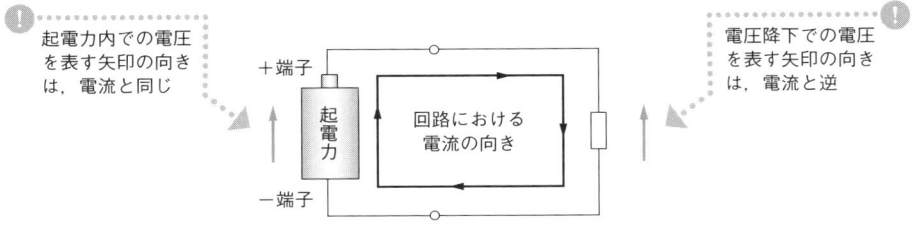

図1・4 起電力と電圧降下での電圧を表す矢印の向き

Jであるときに，その2点間の電圧を1Vと定義している．ある電圧V〔V〕のもとで，電荷ΔQ〔C〕と，それになされる仕事量ΔW〔J〕との関係は

$$\Delta W = \Delta Q V \ \text{〔J〕} \qquad V = \frac{\Delta W}{\Delta Q} \ \text{〔V〕} \tag{1・2}$$

の関係が成り立つ．仕事の単位〔J〕=〔C・V〕=〔N・m〕であることも理解しよう．電気回路において電位とは大きさのみ扱うスカラ量であるが，電圧は，電流と同様に，向きと大きさを用いるベクトルで表し，**矢印の先端が電位の高い側**を表す．また電圧は，電源のように電流を供給する起電力と，抵抗のように電気エネルギーを消費する電圧降下に分けて考えることができる．矢印の先端が電位の高い側を示すことに従えば，起電力内では電圧を示す矢印は電流と同じ向き，電圧降下では電流と逆向きになることに注意しなければならない（図1・4）．

1・3 電　　力

回路において抵抗素子に電流が流れると，電気エネルギーは，熱エネルギー（**ジュール熱**という）に変換され消費される．このエネルギーは両端に電圧Vが加えられた抵抗素子の中を電荷が移動するときに受ける仕事Wにほかならない．時間Δt〔s〕の間に受ける仕事量がΔW〔J〕のとき，単位時間当たりに消費するエネルギー量

$$P = \frac{\Delta W}{\Delta t} \ \text{〔J/s〕，〔W〕} \tag{1・3}$$

を**電力**（**単位 W（ワット）**）と呼ぶ．

また，式(1・1)と式(1・2)から
$$P = \frac{\Delta W}{\Delta t} = \frac{\Delta Q V}{\Delta t} = IV \tag{1・4}$$

このように電力 P〔W〕は，電流 I〔A〕と電圧 V〔V〕との積で表すことができる．すなわち，〔W〕=〔A〕・〔V〕である．

1・4 電 力 量

一定の電力 P〔W〕が t〔s〕時間供給された場合の総エネルギー量 W は
$$W = Pt \text{〔W・s〕, 〔J〕} \tag{1・5}$$
であり，これを**電力量**と呼んでいる．電力 P〔W〕は，1秒間に消費される電力量を示す〔J/s〕であることから

1 J = 1 W・s = 0.239 cal（1 cal = 4.1855 J）

このように 1 cal は 4.1855 J であり，これを**熱の仕事当量**と呼んでいる．また，私たちの家庭内などでは，W・s（ワット秒）よりも，kWh（キロワット時）が一般に実用化されている単位である．

1 kWh = 3 600 000 W・s = 860.4 kcal

最後に，時刻とともに電流 I や電圧 V が変化する場合について考えてみよう．時刻 t_1〔s〕から t_2〔s〕までの間に，電源から供給，あるいは素子で消費する電力量 W〔J〕は次の式で表すことができる．
$$W = \int_{t_1}^{t_2} IV dt = \int_{t_1}^{t_2} P dt \text{〔J〕} \tag{1・6}$$

例題 1・2

ある電気ストーブは，100 V の電圧で 800 W（弱）と 1 600 W（強）の切換えができる．それぞれの場合において，流れる電流を求めよ．また，1 600 W（強）で 2 時間使用したときの電力量を求めよ．

■答え

800 W（弱）では 8 A で，1 600 W（強）では 16 A．

電力量は，3.2 kWh = $3.2 \times 10^3 \times 3 600$ W・s（J）= 1.152×10^4 kJ

1・5 直流と交流

　時間に対して，電圧や電流の向きが変化しないものを**直流**（direct current：**DC**）と呼ぶ．電気回路で扱う直流とは，向きのほか大きさも変化しないものを扱うことが多い．一方，電圧や電流の向きや大きさが時間の経過とともに変化するものを**交流**（alternating current：**AC**）と呼ぶ．直流では電圧，電流をそれぞれ V〔V〕，I〔A〕と記し，交流では時間軸による関数として $v(t)$〔V〕，$i(t)$〔A〕と記すことが多い（図 1・5）．

　このように交流は，時間に対して周期的に電圧や電流が変化する．詳細は 5 章で学ぶが，この繰返し単位の時間を**周期** T，周期の逆数を**周波数** $f(f=1/T)$ と呼んでいる．また電圧や電流の向きは変化せず，大きさだけが時間の経過とともに変化するものを**脈流**（pulsating current または ripple current）と呼ぶ．図 1・6 に示すように，脈流には，交流の負の部分を正の部分に変換する全波整流

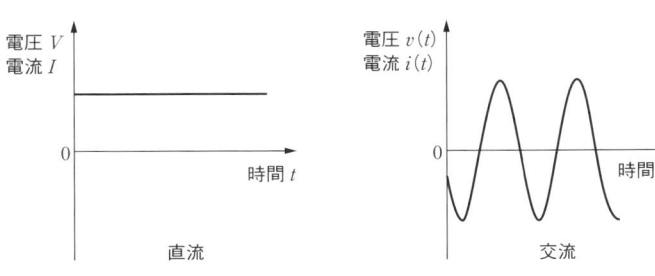

図 1・5　直流と交流

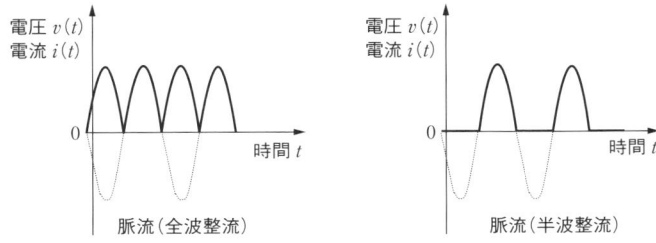

図 1・6　脈流

や，正の部分だけを取り出す半波整流などがある．

1·6 電気回路の構成要素，素子

〔1〕能動素子

能動（active）**素子**とは，直流電源，交流電源のように電気的エネルギーを回路へ供給する素子をいう．**電圧源**とは回路の端子間に既定の電圧値を供給する電源で，例えば E〔V〕の電圧源と，電圧降下を発生させる素子を接続した場合，起電力となる電圧源側 E〔V〕と電圧降下側 V〔V〕についての関係は，常に $E=V$〔V〕が成り立つ．また，電気回路においては，電圧源のほか電流源を扱う．**電流源**とは回路に一定の電流を供給し続ける電源素子である．能動素子となる電源は，**直流電圧源**，**直流電流源**，**交流電圧源**，**交流電流源**に分けられ，それぞれ電気回路における記号を図 1·7 に示す．交流電流源と交流電圧源とは同じ記号で表すことに注意しよう．

〔2〕受動素子

受動（passive）**素子**とは，電気的エネルギーの供給源とはならず，供給されたエネルギーを消費，蓄積，または蓄積したものを放出する電気素子をいう．本書では，**抵抗**（resistor[*1]），**インダクタ**（inductor），**キャパシタ**（capaci-

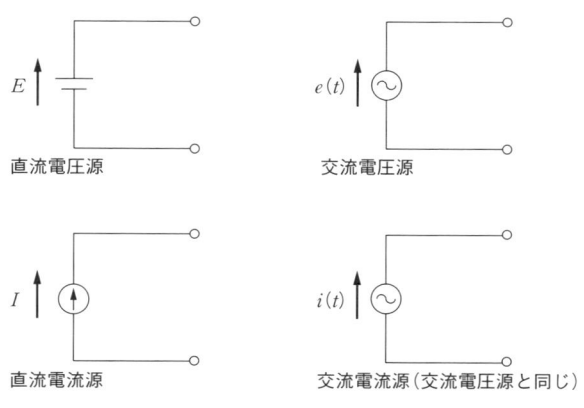

図 1·7　能動素子の記号

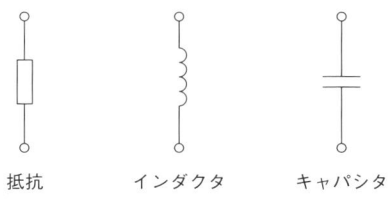

図1·8 受動素子の記号

tor)の3種を受動素子として扱う．これらは一般に**線形**（linear）**素子**と呼ばれ，印加する電圧が大きくなればなるほど大きな電流が流れるという基本的性質を有する．電気回路において，抵抗，インダクタ，キャパシタの素子を表す記号を図1·8に示す．

トランジスタ（transistor）のように，電流を増幅する作用をもつ能動（active）素子や，**ダイオード**（diode）のように電流を一定の方向にしか流さない整流作用を有する**非線形**（non-linear）**素子**は，本書の電気回路では扱わない．

〔3〕電流計，電圧計

電気回路において，電源や抵抗，インダクタ，キャパシタのほかに，電流を測定する**電流計**，電圧を測定する**電圧計**を用いることがある．これらを表す記号を図1·9に示す．

直流電源と同様に，電流計，電圧計もそれぞれ＋と－の極性，端子をもってお

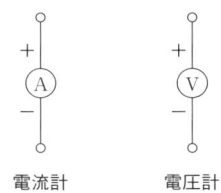

図1·9 電流計，電圧計の記号

---

*1 register は一時的なデータ格納領域であり，抵抗の resistor とは意味が異なる．また，トランジスタ（transistor）とは，伝送を意味する transfer と resistor の組合せである．

り，回路に接続するときには十分に注意しなければならない．

1 1時間の間に，導線に電荷 $Q=200$ C が通過した．このときの平均電流 I 〔A〕を求めよ．

2 図 1·10 のように，時刻 0 から t までの間に，導線に電流が 0 A から I 〔A〕まで増加しながら流れた．このとき導線を通過した電荷量 Q 〔C〕を求めよ．また平均電流 I を求めよ．

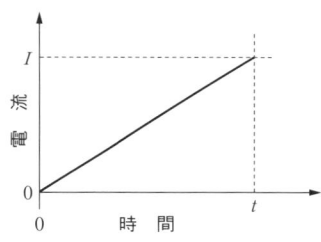

図 1·10

3 導線に，ある電圧 V 〔V〕を印加したところ，電流 $I=200$ mA が流れ，1分間流し続けたときの電力量 $W=120$ J であった．導線に印加された電圧 V 〔V〕を求めよ．

4 ある電気ヒータは，電力 $P=800$ W であった．この電気ヒータを1日当たり6時間，計 30 日間使用した場合の総電力量 W を〔kWh〕と〔J〕で求めよ．

2章 RLCの基本的性質

本章では，電源と接続し電気回路を構成する三つの基本的回路素子である抵抗 R，インダクタ L，キャパシタ C について，それぞれ電圧と電流の特性を学ぶ．ここで示す三つの基本的回路素子は，エネルギーを消費する抵抗と，エネルギーを蓄えることができるインダクタ，キャパシタに分けられることを理解しよう．

2·1 抵抗（オームの法則）

〔1〕オームの法則

電流の流れを妨げる作用をもつ素子を**電気抵抗**または単に**抵抗**と呼んでいる．私たちの身のまわりにあるホットプレートの電気ヒータ[*2]は，セラミックスや炭素などでつくられており，抵抗に電流が流れると電気エネルギーは熱エネルギーに変換され消費される．このように抵抗は，与えられた電気エネルギーを蓄積せず，消費する特徴をもつ素子である．図2·1のように抵抗に電流 I が流れると，その両端で電圧 V が発生する．電流は電位が高いほうから低いほうへ流れるので，抵抗における電圧の矢印の向きは，電流の向きと逆になることは1章

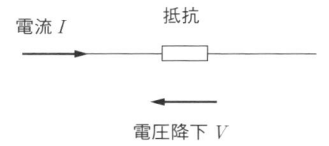

図2·1 電流の向きと電圧降下の向き

[*2] ホットプレートには，電気ヒータ（シーズヒータ）方式と電磁誘導の原理を利用したIH（induction heating）方式とがある．

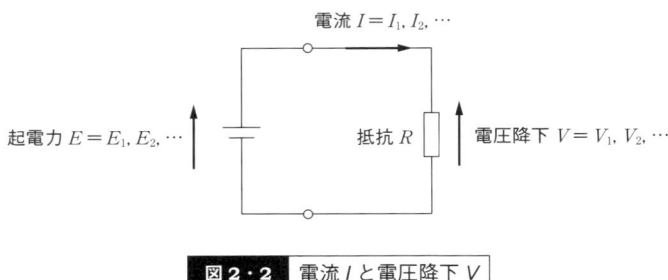

図2・2 電流 I と電圧降下 V

で述べた．このように抵抗の両端において，電圧は V だけ降下するため，これを一般に**電圧降下**と呼んでいる．

また，**図2・2**の電源と抵抗を用いた回路において，接続する電源電圧（起電力）$E = E_1, E_2, \cdots$ と変化させて，回路を流れる電流 $I = I_1, I_2, \cdots$ と電圧降下 $V = V_1, V_2, \cdots$ を測定すると，これらは常に比例の関係にあることがわかる．

この比例則がオームの法則であり，オームによって実験的に発見された．

$$\left.\begin{array}{l} V = RI \ [\text{V}] \\ R = \dfrac{V}{I} \ [\Omega] \end{array}\right\} \tag{2・1}$$

式(2・1)において，比例定数となる R が**抵抗**であり，**単位 Ω**（オーム）を用いる．抵抗1Ωとは，電圧が1Vのときに流れる電流が1Aとなる抵抗の大きさである．Ωの 10^{-3} 倍を表す **mΩ**（ミリオーム），またΩの 10^3 倍，10^6 倍を表す **kΩ**（キロオーム），**MΩ**（メガオーム，メグオーム[*3]）も覚えよう．一定の電圧のもとでは，抵抗 R の値が大きくなれば電流の値は小さくなるため，**抵抗とは電流の流れにくさ**といえる．一方，この逆数 G を**コンダクタンス**（conductance）と呼び，**単位 S**（ジーメンス）を用いる．

$$G = \frac{1}{R} = \frac{I}{V} \ [\text{S}] \tag{2・2}$$

コンダクタンスとは**電流の流れやすさ**といえる．

[*3] 1章で学んだメガボルト mega-volt や，メガワット mega-watt と異なり，メグオーム meg-ohm と表記する．一般に，接頭語 mega は，続く単位が母音から始まる場合 meg となるが，mega-ampere（メガアンペア）は，meg-ampere とはならない．

〔2〕ジュール熱とジュールの法則

抵抗 R に供給される電気エネルギーは，熱エネルギーに変換し消費されることはすでに述べたが，電力，電力量の式(1·4)，(1·5) とオームの法則の式(2·1) とを合わせると，時間 t〔s〕内に消費される熱エネルギー量 Q〔J〕は

$$Q = IVt = RI^2t = \frac{V^2}{R}t \ \text{〔J〕} \tag{2·3}$$

と表すことができる．これはジュールが実験によって発見した法則で，ジュールの法則と呼ばれ，このとき発生する熱をジュール熱と呼んでいる．熱は抵抗に影響を与える．**図2·3**は，電気回路で扱う理想的な抵抗と，電気ヒータや電熱線など私たちの身のまわりにある実際の抵抗の特性を比較した図である．

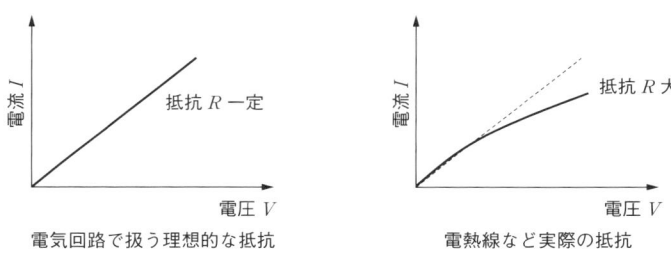

図2·3 抵抗の温度依存性

電熱線などの金属の抵抗は，電圧が上がるにつれて大きな値をとる．これは抵抗が温度によって受ける影響を表しており，温度が1℃上がった場合の抵抗の変化する割合を**温度係数**（単位℃$^{-1}$）と呼んでいる．すなわち，ジュール熱による発熱が大きくなる場合においては，抵抗素子の温度も上昇するため抵抗値は大きくなる．本書においては，温度の影響を無視した理想的な抵抗を扱う．

例題2·1

2kΩ の抵抗に 200 mA の電流を 6 分間流した．このときに発生するエネルギー量を求めよ．

■答え

$$Q = RI^2t = 2 \times 10^3 \times (200 \times 10^{-3})^2 \times 6 \times 60 = 28.8 \ \text{kJ}$$

〔3〕短絡と開放

電気回路では，**短絡**（short）と**開放**（open）という用語を頻繁に使用する．短絡とは，抵抗 R の値が 0 の状態で，開放とは無限大の大きさの状態である．スイッチを有する電気回路において，**スイッチをオン**するということは，スイッチの両端が短絡状態であることを，**スイッチがオフ**するということは，両端が開放状態であることに等しい．

2·2 インダクタ（コイル）

〔1〕電磁誘導とインダクタンス

導線に電流が流れると電流が流れる方向に，右ねじを巻くように磁界が発生し，これを**右ねじの法則**と呼んでいる．磁界について詳しいことは電気磁気学で学ぶが，磁気による空間，場を表すもので，図 2·4 のように磁石を置けば，磁界の方向に従って，磁石が N 極を指すと考えれば理解しやすい．

導線をコイル状に巻き，電流 I を流すと，磁界は電流の進む向きに対して右ねじを巻く方向を示すため，コイルと交差するように**磁束 Φ**（**単位 Wb**（ウェーバ））が発生する．図 2·5 に示すように，コイルの巻き方や電流の方向によって，磁束 Φ の向きが変わることに注意しよう．

磁束 Φ〔Wb〕の大きさとコイルを流れる電流 I〔A〕は比例関係にあり

$$\Phi = L \cdot I \ \text{〔Wb〕} \tag{2·4}$$

と表すことができる．この式において比例定数となる L を**インダクタンス**，

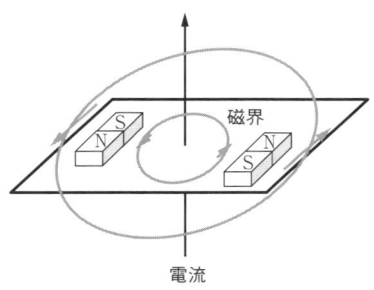

図 2·4 電流と磁界（右ねじの図）

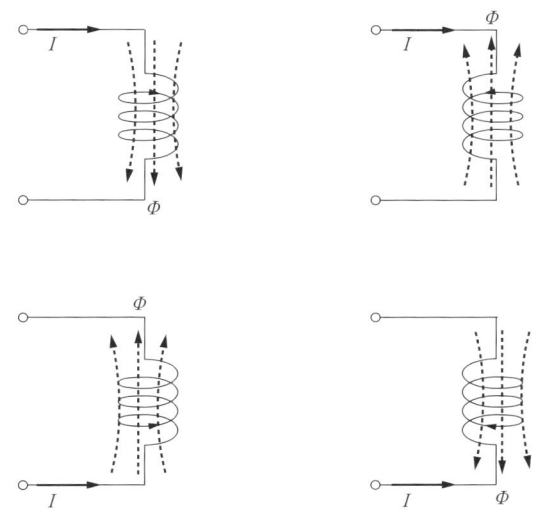

図2・5 コイルの巻き方と磁束

または**自己インダクタンス（単位 H（ヘンリー））**と呼んでいる．〔H〕=〔Wb〕/〔A〕である．インダクタは，導線をコイル状に巻いたもので，実際には小さな値の抵抗をもつ電気素子であるが，通常，電気回路においてインダクタとは抵抗を無視した素子をいう．すなわち，電流が時間に対して変化しない直流がコイルに流れる場合，コイル両端間に電位差は生じない．コイルの両端に生じる電圧降下は 0 V であることに注意しよう．一方，電流が時間に対して変化する交流がコイルに流れる場合，時間に対する磁束の変化量に比例して，**磁束の変化を妨げる向きに**コイル両端間に電位差 V が生じる．

図2・6に示すように，ある時間 Δt〔s〕の間に，電流 I が ΔI〔A〕，インダクタを貫通する磁束 Φ が $\Delta \Phi$〔Wb〕だけ変化したとき，素子の両端には

$$V = \frac{\Delta \Phi}{\Delta t} \tag{2・5}$$

の電圧が生じる．$\Delta t = 0$ での極限をとれば

$$V = \frac{d\Phi}{dt} = L\frac{dI}{dt} \ \text{〔V〕} \tag{2・6}$$

となる．

2章 RLCの基本的性質

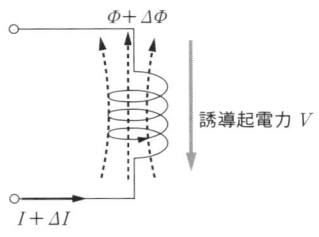

図2・6 誘導起電力

これを**ファラデーの電磁誘導の法則**といい、電圧 V を**誘導起電力**と呼んでいる。自己インダクタンス1Hとは、1秒間に1A変化する電流を流すと、1Vの誘導起電力を発生するインダクタのことである。

例題2・2

図2・7に示すように、交流電圧源と抵抗を用いて、160 mH のインダクタに電流を流した。いま、電流 $I = \sin At$ 〔A〕(t は時間)で表される場合、電圧 V〔V〕を、t を用いた式で示せ。

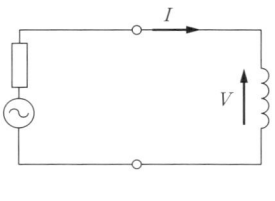

図2・7

■答え

$$V = L\frac{dI}{dt} = 0.16A(\cos At) \text{〔V〕}$$

図のインダクタに示された電圧 V の向きに注意しよう。

誘導起電力 V は、電流の増分を妨げる向きに働くため、マイナスの符号を付

けて表す場合もある．交流回路において，インダクタによる誘導起電力の向きは，抵抗による電圧降下と同じ向きとして考えるとわかりやすい．

〔2〕インダクタに蓄えられるエネルギー

コイルに電流を流すと磁束が発生する．インダクタでは，電気エネルギーは磁束の発生により磁気的なエネルギーに変換され蓄積される．図2・8の回路において，スイッチAをオン（短絡）からオフ（開放）に，同時にスイッチBをオフからオンにすると，電球は少しの時間だけともる．これはインダクタに蓄積された磁気エネルギーが，電気エネルギーに変換されて放出されたことにほかならない．

図2・9は，インダクタに蓄積されるエネルギー量を求めるために時間 t の経過とインダクタを流れる電流 I との関係を表したものである．

時刻 $t=0$ でスイッチを閉じると，起電力 E によってインダクタに電流が流れ始める．直流電源であるが，スイッチ投入後，電流の向きを妨げる向きに誘導起

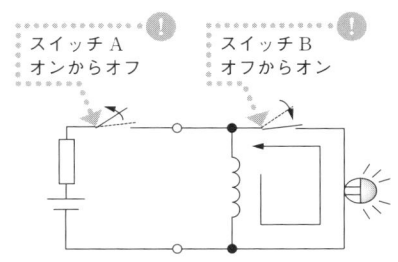

図2・8 インダクタに蓄積されたエネルギーの放出

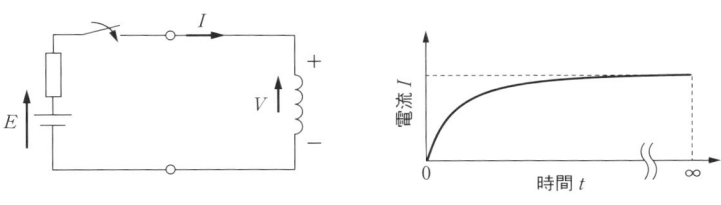

図2・9 インダクタを流れる電流の時間的変化

電力 V〔V〕が発生するため，時間とともに電流の値が変化する．時間の経過とともに電流の変化量が小さくなるため，誘導起電力の値も徐々に小さくなり，$t=\infty$ では，インダクタを流れる電流は直流電源と抵抗のみで決まる I〔A〕となる．このときにインダクタに蓄えられるエネルギー量を W〔J〕とすると

$$W = \int I \cdot V dt = \int I \cdot L \frac{dI}{dt} dt = L \int I \cdot dI = \frac{1}{2}LI^2 \text{〔J〕} \tag{2・7}$$

が得られる．

2・3 キャパシタ（コンデンサ）

〔1〕静電誘導とキャパシタンス

電子は，マイナスに帯電した電荷である．そのためマイナス-マイナス間で反発し合い，たくさんの電子を捕獲し蓄積することが難しい．そこで図 2・10 のように，2 枚の導体を用いて，導体と導体の間を空気やプラスチック，特殊なセラミックスなどの絶縁体で挟むように平行平板を形成し，一方をマイナスに，もう一方をプラスに帯電した電荷を集めるように電圧を印加すると，容易に電子を蓄積することができる．このように電荷を蓄えることを目的とした素子を**キャパシタ**，または**コンデンサ**と呼んでいる．

次に図 2・11 のように直流電源，スイッチ，先ほどの 2 枚の導体平板によるキャパシタを接続して回路を構成する．スイッチを閉じると，電源から電荷が移動して平行平板に蓄積され，2 枚の平板間の電位差 V が電源の起電力 E と等しくなると電荷の移動は止まり，導体平板に蓄積された電荷は $+Q$, $-Q$ となる．

この状態でスイッチを開いても導体平板上に蓄えられた電荷および電位差 V は保持され，キャパシタを形成する導体平板上に蓄えられる電荷の量 Q と導体

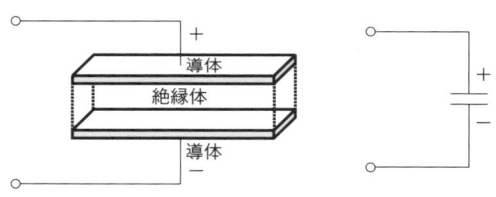

図 2・10 キャパシタとキャパシタの記号

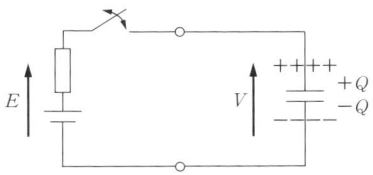

図2・11 キャパシタと電荷の移動

平板間の電位差 V は比例の関係にある．

$$Q = CV \tag{2・8}$$

この式の比例定数 C を**キャパシタンス**（**単位 F**（ファラッド））または**静電容量**と呼んでいる．キャパシタとは電荷の入れ物を意味するが，私たちの体も電気を蓄えることができる．冬など静電気がバチッと起こるのは，体に蓄積された電荷が一気に放電するからである．単位について，ファラドの 10^{-3} 倍を表す **mF**（ミリファラド），10^{-6} 倍を表す **μF**（マイクロファラド），10^{-9} 倍を表す **pF**（ピコファラッド）をよく使うので覚えておこう．

図2・11 で示したように電源が直流の場合，導体平板に電荷が蓄積された後は，それ以上の電流は流れない．すなわちキャパシタの 2 端子間は開放状態に等しい．一方，交流においては，時間とともに電源の値が変化するため，キャパシタの 2 端子間の電圧 V や蓄積される電荷 Q は時間とともに変化する．時間 Δt 〔s〕の間に，2 端子間の電圧 V が ΔV 〔V〕だけ変化した場合，キャパシタには電流

$$I = \frac{\Delta Q}{\Delta t} = C\frac{\Delta V}{\Delta t} \tag{2・9}$$

が流れ込むことと同等になる．$\Delta t = 0$ での極限をとって

$$\left.\begin{array}{l} I = \dfrac{dQ}{dt} = C\dfrac{dV}{dt} \\ V = \dfrac{1}{C}\displaystyle\int I \cdot dt \end{array}\right\} \tag{2・10}$$

となる．

例題 2・3

図 2・12 に示すように，交流電圧源，抵抗，50 μF のキャパシタを用いた回路において，電流 $I = \sin At$ 〔A〕（t は時間）で表される場合，電圧 V 〔V〕を，t を用いた式で示せ．

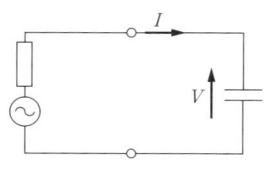

図 2・12

■答え

$$V = \frac{1}{C}\int I \cdot dt = -\frac{1}{50 \times 10^{-6} \cdot A}(\cos A \cdot t) \text{〔V〕}$$

〔2〕キャパシタに蓄えられるエネルギー

再び直流電源，抵抗，スイッチと，今度はキャパシタからなる回路について，キャパシタと電荷の関係からエネルギーの蓄積について考えてみよう．

図 2・13 のように，キャパシタに蓄えられる初期電荷を 0 とし，$t = 0$ でスイッチをオンするとキャパシタへの電荷の移動と蓄積が始まり，$t = \infty$ で，端子間の電圧 V 〔V〕は，起電力 E と等しい値となる．ここでキャパシタへ蓄積される電気エネルギー量を W 〔J〕とすると

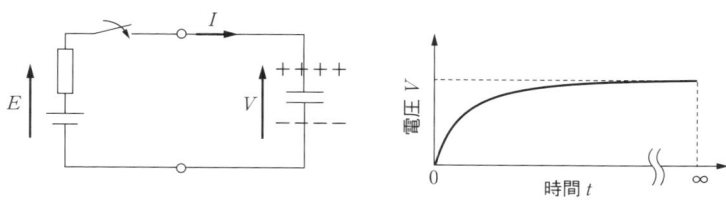

図 2・13 キャパシタ間電圧の時間的変化

$$W = \int I \cdot V dt = \int C \frac{dV}{dt} \cdot V dt = C \int V dV = \frac{1}{2} C V^2 \quad [\text{J}] \tag{2・11}$$

が得られる．

演習問題

1 直流電源を用いて抵抗の両端子間に $V=5$ V の電圧を加えたら，電流 $I=20$ mA が流れた．抵抗 R [Ω] の値と，このときに消費する電力 P [W] の値を求めよ．

2 $V=10$ V の直流電源を用いて，電熱線を 1 時間使用したとき，発生した総エネルギー量は，2 400 J であった．この電熱線の抵抗の値を求めよ．

3 自己インダクタンス $L=500$ mH のインダクタに，毎秒 300 mA ずつ増加する電流を流すとき，インダクタの両端で発生する電圧 V [V] を求めよ．また，このときインダクタに蓄積されるエネルギー W [J] を求めよ．

4 キャパシタンス $C=150\,\mu\text{F}$ のキャパシタに，0.03 C の電荷を充電するとき，キャパシタの両端の電圧 V [V] と，蓄積されるエネルギー W [J] を求めよ．

3章 回路要素の接続と性質（1）

本章では抵抗を直列または並列に接続したときの合成抵抗や合成コンダクタンスの求め方を学習する．また，直列接続された各抵抗に分圧される電圧や，並列接続された各抵抗に分流される電流の求め方を学習する．

3·1 直列接続

図3·1のように，抵抗 R_1 と R_2 に同じ電流 I が流れるように接続することを抵抗の**直列接続**という．式(2·1)のオームの法則より，抵抗 R_1, R_2 に加わる電圧 V_1, V_2 は

$$V_1 = R_1 I \qquad V_2 = R_2 I \qquad (3·1)$$

である．端子 a–b 間に加わる電圧を V とすると，V は V_1 と V_2 を加え合わせたものになるから

$$V = V_1 + V_2 = R_1 I + R_2 I = (R_1 + R_2) I$$

よって，端子 a–b 間の抵抗を R とすると

$$R = \frac{V}{I} = R_1 + R_2 \qquad (3·2)$$

である．

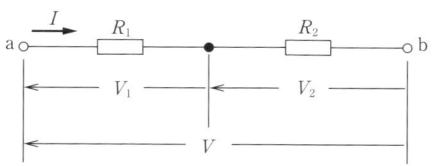

図3·1 抵抗の直列接続

3・2 並列接続

図3・2のように,抵抗 R_1 と R_2 に同じ電圧 V が加わるように接続することを抵抗の**並列接続**という.オームの法則より,抵抗 R_1, R_2 に流れる電流 I_1, I_2 は

$$I_1 = \frac{V}{R_1} \qquad I_2 = \frac{V}{R_2} \tag{3・3}$$

である.端子 a-b 間に流れる電流を I とすると,I は I_1 と I_2 を加え合わせたものになるから

$$I = I_1 + I_2 = \frac{V}{R_1} + \frac{V}{R_2} = \left(\frac{1}{R_1} + \frac{1}{R_2}\right)V$$

よって,端子 a-b 間の抵抗を R とすると

$$\frac{1}{R} = \frac{I}{V} = \frac{1}{R_1} + \frac{1}{R_2} \tag{3・4}$$

である.式(3・4)の R は

$$R = R_1 \mathbin{/\mkern-5mu/} R_2 = \frac{1}{\dfrac{1}{R_1} + \dfrac{1}{R_2}} = \frac{R_1 R_2}{R_1 + R_2} \tag{3・5}$$

と表すこともできる.式(3・5)の記号 $\mathbin{/\mkern-5mu/}$ は 3・4 節で述べる並列合成抵抗を表すために使用される.

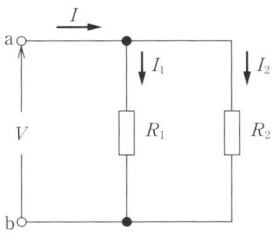

図3・2 抵抗の並列接続

3・3 コンダクタンス

抵抗の逆数は**コンダクタンス**と呼ばれ,式(2・2)で定義される.図3・1のよ

うに，直列接続された抵抗 R_1, R_2 のコンダクタンスをそれぞれ G_1, G_2 とすると，端子 a–b 間のコンダクタンス G は，式(2·2)と式(3·2)より

$$\frac{1}{G} = \frac{1}{G_1} + \frac{1}{G_2} \tag{3·6}$$

または

$$G = \frac{1}{\dfrac{1}{G_1} + \dfrac{1}{G_2}} = \frac{G_1 G_2}{G_1 + G_2} \tag{3·7}$$

で表される．

図 3·2 のように，抵抗 R_1, R_2 が並列接続された場合，端子 a–b 間のコンダクタンス G は，式(2·2)と式(3·4)より

$$G = G_1 + G_2 \tag{3·8}$$

で表される．

3·4 合成抵抗

式(3·2)で与えられる抵抗 R を R_1, R_2 の**直列合成抵抗**と呼ぶ．また，式(3·5)で与えられる抵抗 R を R_1, R_2 の**並列合成抵抗**と呼ぶ．これらは単に**合成抵抗**と呼ばれることもある．合成抵抗の逆数は**合成コンダクタンス**と呼ばれる．

一般に n 個の抵抗を直列または並列に接続したときも式(3·2)や式(3·4)のような関係が成立する．すなわち，抵抗 $R_1, R_2, \cdots, R_n$ を直列接続したときの合成抵抗 R は次式で表される．

$$R = \sum_{i=1}^{n} R_i = R_1 + R_2 + \cdots + R_n \tag{3·9}$$

また，抵抗 $R_1, R_2, \cdots, R_n$ を並列接続したときの合成抵抗 R は次式で表される．

$$\frac{1}{R} = \sum_{i=1}^{n} \frac{1}{R_i} = \frac{1}{R_1} + \frac{1}{R_2} + \cdots + \frac{1}{R_n} \tag{3·10}$$

式(3·10)の各抵抗をコンダクタンスで表すと，式(3·8)に対応する次式になる．

$$G = \sum_{i=1}^{n} G_i = G_1 + G_2 + \cdots + G_n \tag{3·11}$$

3・5 分圧と分流

〔1〕分 圧

図 3・1 において，端子 a-b 間に加わる電圧 V は抵抗 R_1，R_2 に加わる電圧 V_1，V_2 に分配される．このように，抵抗によって電圧が分配されることを**分圧**と呼ぶ．また，分配された電圧を分圧と呼ぶこともある．式(3・1)と式(3・2)より

$$V_1 = \frac{R_1}{R_1 + R_2} V \qquad V_2 = \frac{R_2}{R_1 + R_2} V \tag{3・12}$$

であり，次式が成立することがわかる．すなわち，直列接続した抵抗に加わる分圧の大きさは抵抗の大きさに比例する．

$$V_1 : V_2 = R_1 : R_2 \tag{3・13}$$

一般に n 個の抵抗 $R_1, R_2, \cdots, R_n$ を直列接続したとき，各抵抗に加わる分圧を $V_1, V_2, \cdots, V_n$ とすると次式が成立する．

$$V_1 : V_2 : \cdots : V_n = R_1 : R_2 : \cdots : R_n \tag{3・14}$$

〔2〕分 流

図 3・2 において，端子 a-b 間に流れる電流 I は抵抗 R_1，R_2 に流れる電流 I_1，I_2 に分配される．このように，抵抗によって電流が分配されることを**分流**と呼ぶ．また，分配された電流を分流と呼ぶこともある．式(3・3)と式(3・4)より

$$I_1 = \frac{R_2}{R_1 + R_2} I \qquad I_2 = \frac{R_1}{R_1 + R_2} I \tag{3・15}$$

であり，次式が成立することがわかる．すなわち，並列接続した抵抗に流れる分流の大きさは抵抗の大きさに反比例する．

$$I_1 : I_2 = R_2 : R_1 = \frac{1}{R_1} : \frac{1}{R_2} \tag{3・16}$$

式(3・16)をコンダクタンスで表すと式(3・17)になる．すなわち，並列接続したコンダクタンスに流れる電流の大きさはコンダクタンスの大きさに比例する．

$$I_1 : I_2 = G_1 : G_2 \tag{3・17}$$

一般に n 個の抵抗 $R_1, R_2, \cdots, R_n$ を並列接続したとき，各抵抗に流れる分流を $I_1, I_2, \cdots, I_n$ とすると次式が成立する．

$$I_1 : I_2 : \cdots : I_n = \frac{1}{R_1} : \frac{1}{R_2} : \cdots : \frac{1}{R_n} \tag{3・18}$$

式(3・18)をコンダクタンスで表すと次式になる．

$$I_1:I_2:\cdots:I_n = G_1:G_2:\cdots:G_n \tag{3・19}$$

〔3〕電圧計と電流計への応用

抵抗の直列接続による分圧を利用すると，電圧計の定格電圧（測定可能な最大電圧）を大きくすることができる．

図3・3のように，定格電圧がV_0で内部抵抗がR_0の電圧計に抵抗Rを直列接続する．端子 a-b 間に電圧Vを加えたとき，電圧計の示す電圧がV_0になったとすると，式(3・12)から次式が成立する．

$$V = \left(1 + \frac{R}{R_0}\right)V_0 \tag{3・20}$$

よって，定格電圧よりも$(R/R_0)V_0$だけ大きい電圧まで測定できることになる．電圧計の定格電圧を大きくするために使用される抵抗は**倍率器**と呼ばれる．

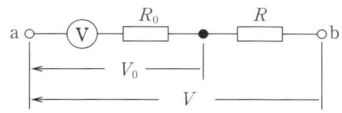

図3・3 電圧計の倍率器

一方，抵抗の並列接続による分流を利用すると，電流計の定格電流（測定可能な最大電流）を大きくすることができる．

図3・4のように，定格電流がI_0で内部抵抗がR_0の電流計に抵抗Rを並列接続する．端子 a-b 間に電流Iを流したとき，電流計の示す電流がI_0になったとすると，式(3・15)から次式が成立する．

$$I = \left(1 + \frac{R_0}{R}\right)I_0 \tag{3・21}$$

よって，定格電流よりも$(R_0/R)I_0$だけ大きい電流まで測定できることになる．電流計の定格電流を大きくするために使用される抵抗は**分流器**と呼ばれる．

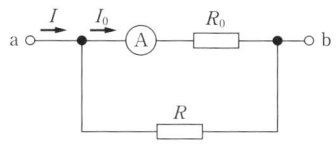

図3・4 電流計の分流器

演習問題

1 抵抗 R_1 と R_2 を図3・1のように直列接続して，端子 a-b 間に $V=15$ V の電圧を加えた．以下の各問いに答えよ．ただし，$R_1=10$ Ω，$R_2=30$ Ω とする．
 （1） R_1 と R_2 の合成抵抗 R を求めよ．
 （2） R_1 と R_2 の合成コンダクタンス G を求めよ．
 （3） 端子 a-b 間に流れる電流 I を求めよ．
 （4） R_1，R_2 に加わる電圧 V_1，V_2 をそれぞれ求めよ．

2 抵抗 R_1，R_2，R_3 を直列接続して $I=150$ mA の電流を流したところ，R_1 に $V_1=800$ mV の電圧が加わった．以下の各問いに答えよ．ただし，$R_2=20$ Ω，$R_1=R_3$ とする．
 （1） 抵抗 R_1 を求めよ．
 （2） R_2 に加わる電圧 V_2 を求めよ．
 （3） R_1，R_2，R_3 の合成抵抗 R を求めよ．
 （4） 合成抵抗 R に加わる電圧 V を求めよ．

3 抵抗 R_1 と R_2 を図3・2のように並列接続して，端子 a-b 間に $I=2.5$ A の電流を流した．以下の各問いに答えよ．ただし，$R_1=5.0$ Ω，$R_2=8.0$ Ω とする．
 （1） R_1 と R_2 の合成抵抗 R を求めよ．
 （2） R_1 と R_2 の合成コンダクタンス G を求めよ．
 （3） 端子 a-b 間に加わる電圧 V を求めよ．
 （4） R_1，R_2 に流れる電流 I_1，I_2 をそれぞれ求めよ．

4 抵抗 R_1，R_2，R_3 を並列接続して $V=300$ mV の電圧を加えたところ，R_1 に $I_1=40$ mA の電流が流れた．以下の各問いに答えよ．ただし，$R_2=25$ Ω，$R_1=R_3$ とする．
 （1） 抵抗 R_1 を求めよ．

（2） R_2 に流れる電流 I_2 を求めよ．
（3） R_1，R_2，R_3 の合成抵抗 R を求めよ．
（4） 合成抵抗 R に流れる電流 I を求めよ．

5 定格電圧が 10 V で内部抵抗が 3.0 kΩ の電圧計に倍率器を接続して 50 V までの電圧を測定できるようにしたい．倍率器の抵抗は何 Ω にすればよいか．

6 定格電圧が 100 mA で内部抵抗が 0.8 Ω の電流計に分流器を接続して 300 mA までの電流を測定できるようにしたい．分流器の抵抗は何 Ω にすればよいか．

4章 回路要素の接続と性質（2）

本章では3章で学習した方法を応用して，抵抗が複雑に組み合わされた直並列回路の合成抵抗，合成コンダクタンス，各抵抗に加わる電圧，各抵抗に流れる電流などの求め方を学習する．また，三相交流を取り扱うときに必要になるY-△変換（△-Y変換）や抵抗測定などに使用されるブリッジ回路について学習する．

4・1 直並列回路

図4・1のように，抵抗の直列接続と並列接続が組み合わされた回路を**直並列回路**と呼ぶ．直並列回路は直列接続の部分と並列接続の部分に分けて，3章で学習した方法を順次適用して取り扱えばよい．

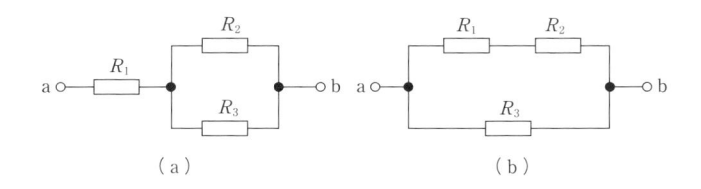

図4・1 抵抗の直並列回路（1）

例として**図4・2**のような直並列回路の端子 a–b 間の合成抵抗 R を求めてみる．まず，式(3・5)を用いて R_2 と R_3 の並列合成抵抗 R_{23} を求めると

$$R_{23} = R_2 /\!/ R_3 = \cfrac{1}{\cfrac{1}{R_2} + \cfrac{1}{R_3}} = \cfrac{R_2 R_3}{R_2 + R_3}$$

である．次に，式(3・2)を用いて R_1 と R_{23} の直列合成抵抗 R_{123} を求めると

$$R_{123} = R_1 + R_{23} = R_1 + \cfrac{R_2 R_3}{R_2 + R_3}$$

である．最後に，式(3・5)を用いて R_4 と R_{123} の並列合成抵抗を求めれば，次式のように端子 a-b 間の合成抵抗 R が求められる．

$$R = R_{123} \mathbin{/\!/} R_4 = \frac{R_{123}R_4}{R_{123} + R_4} = \frac{\left(R_1 + \dfrac{R_2 R_3}{R_2 + R_3}\right)R_4}{R_1 + \dfrac{R_2 R_3}{R_2 + R_3} + R_4} \tag{4・1}$$

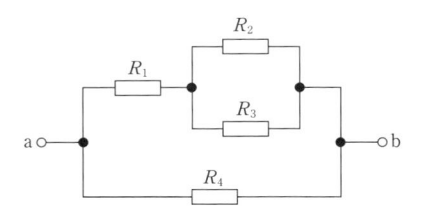

図 4・2 抵抗の直並列回路（2）

図 4・3（a）のような回路でも，同図（b）のように書き換えれば，図 4・2 の回路と同じ方法で端子 a-b 間の合成抵抗を求めることができる．

まず，R_1 と R_2 の並列合成抵抗 R_{12} と，R_3 と R_4 の並列合成抵抗 R_{34} をそれぞれ求めると

$$R_{12} = R_1 \mathbin{/\!/} R_2 = \frac{R_1 R_2}{R_1 + R_2} \qquad R_{34} = R_3 \mathbin{/\!/} R_4 = \frac{R_3 R_4}{R_3 + R_4}$$

である．次に，R_{12} と R_{34} の直列合成抵抗を求めれば，端子 a-b 間の合成抵抗 R は次式で表される．

$$R = R_{12} + R_{34} = \frac{R_1 R_2}{R_1 + R_2} + \frac{R_3 R_4}{R_3 + R_4} \tag{4・2}$$

(a)

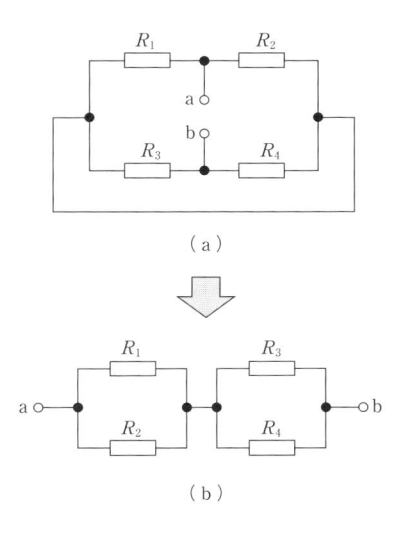

(b)

図4・3 抵抗の直並列回路（3）

4・2 Y-△変換

図4・4（a）のように，抵抗 r_1, r_2, r_3 を逆Y形に接続することを抵抗の**Y接続**と呼ぶ．また，図（b）のように，抵抗 R_{12}, R_{23}, R_{31} を△（デルタ）形に接続することを抵抗の**△接続**と呼ぶ．

Y接続回路と△接続回路において，端子1-2間，端子2-3間，端子3-1間から見たときの抵抗がそれぞれ等しくなる条件式は

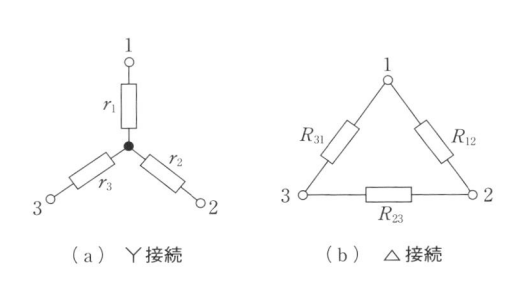

(a) Y接続　　　(b) △接続

図4・4 抵抗のY接続と△接続

端子 1-2 間に対して，$r_1 + r_2 = \dfrac{R_{12}(R_{23} + R_{31})}{R_{12} + R_{23} + R_{31}}$

端子 2-3 間に対して，$r_2 + r_3 = \dfrac{R_{23}(R_{31} + R_{12})}{R_{12} + R_{23} + R_{31}}$

端子 3-1 間に対して，$r_3 + r_1 = \dfrac{R_{31}(R_{12} + R_{23})}{R_{12} + R_{23} + R_{31}}$

である．このとき，図 (a) のY接続回路と図 (b) の△接続回路は電気的に等しい回路（等価回路）になる．

これらの条件式を解くと，Y接続回路の抵抗 r_1, r_2, r_3 が与えられているとき，等価な△接続回路の抵抗 R_{12}, R_{23}, R_{31} を求めるための次式が得られる．

$$\left. \begin{aligned} R_{12} &= \dfrac{r_1 r_2 + r_2 r_3 + r_3 r_1}{r_3} \\ R_{23} &= \dfrac{r_1 r_2 + r_2 r_3 + r_3 r_1}{r_1} \\ R_{31} &= \dfrac{r_1 r_2 + r_2 r_3 + r_3 r_1}{r_2} \end{aligned} \right\} \quad (4 \cdot 3)$$

式(4・3)において，$r_1 = r_2 = r_3 = r$ であれば，$R_{12} = R_{23} = R_{31} = 3r$ となる．

また，△接続回路の抵抗 R_{12}, R_{23}, R_{31} が与えられているとき，等価なY接続回路の抵抗 r_1, r_2, r_3 を求めるための次式も得ることができる．

$$\left. \begin{aligned} r_1 &= \dfrac{R_{31} R_{12}}{R_{12} + R_{23} + R_{31}} \\ r_2 &= \dfrac{R_{12} R_{23}}{R_{12} + R_{23} + R_{31}} \\ r_3 &= \dfrac{R_{23} R_{31}}{R_{12} + R_{23} + R_{31}} \end{aligned} \right\} \quad (4 \cdot 4)$$

式(4・4)において，$R_{12} = R_{23} = R_{31} = R$ であれば，$r_1 = r_2 = r_3 = R/3$ となる．

式(4・3)または式(4・4)を使って等価な△接続回路またはY接続回路を求めることを**Y-△変換**または**△-Y変換**と呼ぶ．

4・3 ブリッジ回路

〔1〕ブリッジ回路の合成抵抗

図 4・5 (a) のような回路を**ブリッジ回路**と呼ぶ．端子 a-b 間の合成抵抗を

求めるにはいくつかの方法があるが，ここでは△-Y変換を使って求めてみよう．

同図（a）の抵抗 R_1, R_5, R_3 で構成される△接続回路を，同図（b）の抵抗 r_1, r_2, r_3 で構成されるY接続回路に変換すると，式(4･4)より

$$\left. \begin{array}{l} r_1 = \dfrac{R_3 R_1}{R_1 + R_3 + R_5} \\ r_2 = \dfrac{R_1 R_5}{R_1 + R_3 + R_5} \\ r_3 = \dfrac{R_5 R_3}{R_1 + R_3 + R_5} \end{array} \right\} \quad (4・5)$$

である．同図（b）の端子 a-b 間は直並列回路になっているので，4･1節で述べた手順で合成抵抗 R を求めると次式が得られる．

$$R = r_1 + (r_2 + R_2) /\!/ (r_3 + R_4) = r_1 + \frac{(r_2 + R_2)(r_3 + R_4)}{r_2 + R_2 + r_3 + R_4} \quad (4・6)$$

（a）

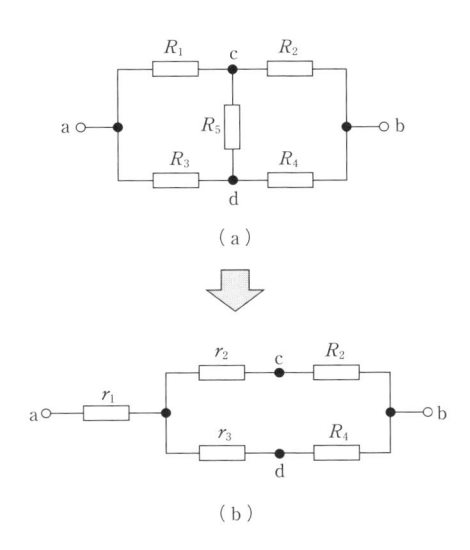

（b）

図4･5 抵抗のブリッジ回路

〔2〕ブリッジ回路による抵抗測定

ブリッジ回路は抵抗の測定に利用されている．**図4･6**において，電流計に電流が流れない条件（$I_5 = 0$）を求めてみよう．

抵抗 R_1, R_4 に流れる電流 I_2, I_4 は，式(4・5)で与えられる抵抗 r_2, r_3 と，式(4・6)で与えられる抵抗 R を使うとそれぞれ次式で表される．

$$I_2 = \frac{r_3 + R_4}{r_2 + R_2 + r_3 + R_4} \cdot \frac{E}{R} \qquad I_4 = \frac{r_2 + R_2}{r_2 + R_2 + r_3 + R_4} \cdot \frac{E}{R}$$

c-d 間の電圧を V_{cd} とすると

$$V_{cd} = R_2 I_2 - R_4 I_4 = \frac{(r_3 + R_4)R_2 - (r_2 + R_2)R_4}{r_2 + R_2 + r_3 + R_4} \cdot \frac{E}{R} \tag{4・7}$$

である．$V_{cd} = 0$ のとき，$I_5 = 0$ となるので，式(4・5)と式(4・7)より

$$(r_3 + R_4)R_2 - (r_2 + R_2)R_4 = r_3 R_2 - r_2 R_4 = \frac{(R_2 R_3 - R_1 R_4)R_5}{R_1 + R_3 + R_5} = 0$$

よって，電流計に電流が流れない条件は次式で表される．

$$R_1 R_4 = R_2 R_3 \tag{4・8}$$

式(4・8)は**ブリッジ回路の平衡条件**と呼ばれ，例えば R_1, R_2, R_3 の値が既知であれば，この式より R_4 の値を求めることができる．

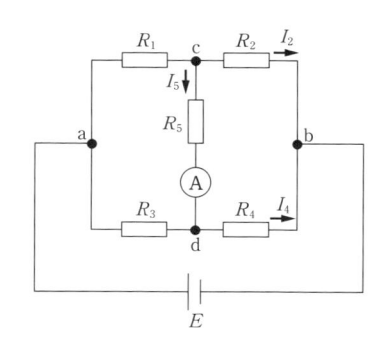

図4・6 ブリッジ回路による抵抗測定

演習問題

1 図4・1 (a), (b) に示した直並列回路において，端子 a-b 間の合成抵抗 R と合成コンダクタンス G をそれぞれ求めよ．ただし，$R_1 = 10\,\text{k}\Omega$, $R_2 = 30\,\text{k}\Omega$, $R_3 = 50\,\text{k}\Omega$ とする．

2 図4・2 に示した直並列回路の端子 a-b 間に $V = 100\,\text{V}$ の電圧を加えた．抵抗

R_1, R_2, R_3, R_4 に流れる電流 I_1, I_2, I_3, I_4 をそれぞれ求めよ．ただし，$R_1=20\,\Omega$, $R_2=40\,\Omega$, $R_3=60\,\Omega$, $R_4=80\,\Omega$ とする．

3 図 4・3 に示した直並列回路の端子 a–b 間に $I=300\,\mathrm{mA}$ の電流を流した．抵抗 R_1, R_2, R_3, R_4 に加わる電圧 V_1, V_2, V_3, V_4 をそれぞれ求めよ．ただし，$R_1=3.0\,\Omega$, $R_2=5.0\,\Omega$, $R_3=4.0\,\Omega$, $R_4=6.0\,\Omega$ とする．

4 図 4・5 (a) に示したブリッジ回路の端子 a–b 間に $V=6.0\,\mathrm{V}$ の電圧を加えた．抵抗 R_1, R_2, R_3, R_4, R_5 に流れる電流 I_1, I_2, I_3, I_4, I_5 をそれぞれ求めよ．ただし，$R_1=2.0\,\Omega$, $R_2=6.0\,\Omega$, $R_3=3.0\,\Omega$, $R_4=9.0\,\Omega$, $R_5=5.0\,\Omega$ とする．

5 図 4・7 (a), (b) に示す二つの回路が等価になるための条件を求めよ

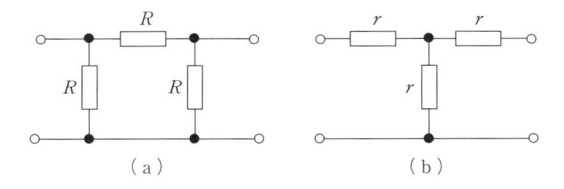

図 4・7

6 図 4・6 に示したブリッジ回路において，$E=9.0\,\mathrm{V}$, $R_1=22\,\Omega$, $R_2=33\,\Omega$, $R_3=47\,\Omega$, $R_5=68\,\Omega$ のとき，電流計に電流は流れなかった．R_4 の値を求めよ．

5章 交流の基礎

本章では，電気回路論の交流に関して，まずその基礎概念としての正弦波について学ぶ．次章以後で，正弦波の複素数表示を学んでいくことにより，交流回路を見通しよく計算することができる．

5・1 正弦波交流の瞬時値

図 5・1 のように，一定周期で波形が繰り返す電圧や電流を**交流**という．1章で述べたように，一般的に周期関数が正弦波の交流を単に交流ということが多い．通常家庭で使われている商用電源は正弦波の交流である．正弦波交流を使う意義は以下である．

- 発電機からの生成が容易
- 電圧の変換が容易
- 直流への変換も容易

また正弦波は，あらゆる周期関数の構成要素となることから重要である．

図 5・2 は等速回転運動する点と正弦波の関係を示している．角度 θ の位置から角周波数 ω で回転する点の y 座標が正弦波になり，数式で表すと

$$a(t) = A_m \sin(\omega t + \theta) \tag{5・1}$$

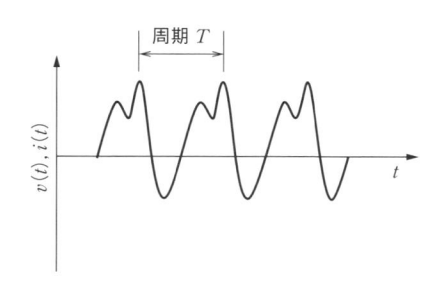

図 5・1 一般の周期関数をもつ交流波形

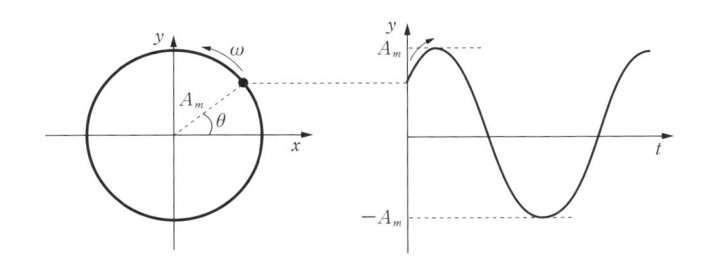

図5・2 等速回転運動する点と正弦波の関係

表5・1 正弦波交流を特徴づけるパラメータ

名 称	意味と単位
周期 (period) T	繰り返す1サイクルの時間, 単位 [s]
周波数 (frequency) f	1秒に何サイクル繰り返すかを示す値, 単位 [Hz]
波高値, 振幅の最大値 A_m	電圧や電流波形の最大となる値, 単位は [V] や [A]
位相 (phase) $\omega t + \theta$	ある時刻での $\omega t + \theta$ の値, 単位 [rad] または [°]
位相角 (phase angle) θ	位相中の θ の値, 単位 [rad] または [°]
角周波数 (angular frequency) ω	1秒間に何 rad 進むかを示す値, 単位 [rad/s]

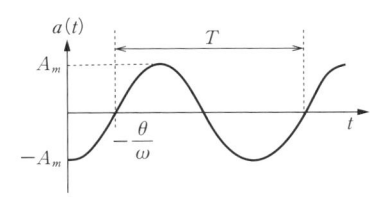

図5・3 正弦波交流波形

となる．cos で表してもよい．電気回路論ではこの $a(t)$ が交流の電圧，または電流の時間変化（瞬時値）を表す．

この正弦波を特徴づけるパラメータを**表5・1**に示す．また，各パラメータの意味を**図5・3**に示す．

$$f = \frac{1}{T} \tag{5・2}$$

$$\omega = 2\pi f \tag{5・3}$$

の関係があるので，式(5・1)は式(5・4)のようにも書ける．

$$a(t) = A_m \sin(2\pi ft + \theta) = A_m \sin\left(2\pi \frac{1}{T}t + \theta\right) \tag{5・4}$$

1周期の位相は2π〔rad〕，または$360°$である．なお，表5・1のうち，位相角を単に位相といっている例や，単に振幅で最大値を表す例もある．**図5・4**と**図5・5**に，それぞれ波高値と周波数のみ異なる正弦波の例を示す．

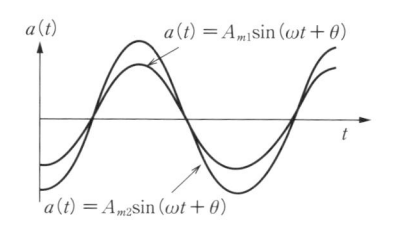

図5・4 波高値のみ異なる交流波形図

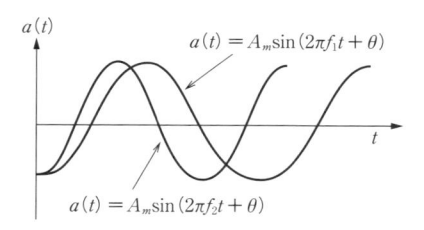

図5・5 周波数のみ異なる交流波形

例題 5・1

以下の正弦波で表された電圧について，その波高値，実効値，周波数，角周波数，周期，位相角を求めよ．

$$v(t) = 100\sqrt{2}\,\sin\left(120\pi t - \frac{\pi}{3}\right)\ \text{〔V〕}$$

■**答え**

波高値$100\sqrt{2}$ V，実効値100 V，周波数60 Hz，角周波数120π〔rad/s〕，

周期 $1/60$ s,位相角 $-\pi/3$〔rad〕.

5・2 波高値と実効値

波高値が A_m〔V〕の交流は,A_m〔V〕の直流と同じ効力をもたない.実際の効力である実効値について説明する[*4].実効値は数式的に正弦波の二乗平均値のルートをとる.すなわち

$$A_e = \sqrt{\frac{1}{T}\int_0^T \{a(t)\}^2 dt} = \sqrt{\frac{1}{T}\int_0^T (A_m \sin \omega t)^2 dt}$$
$$= \sqrt{\frac{1}{T}\int_0^T \frac{A_m^2}{2}(1-\cos 2\omega t)dt} = \sqrt{\frac{1}{T}\frac{A_m^2}{2}\int_0^T dt}$$
$$= \frac{1}{\sqrt{2}} A_m \tag{5・5}$$

となる.したがって,波高値と実効値は

$$A_m = \sqrt{2} A_e \tag{5・6}$$

の関係がある.実効値の利点は 9 章で詳細に学ぶ.実効値を使うと式(5・1)は式(5・7)になる.

$$a(t) = \sqrt{2}A_e \sin(\omega t + \theta) = \sqrt{2}A_e \sin(2\pi f t + \theta) = \sqrt{2}A_e \sin\left(2\pi \frac{1}{T}t + \theta\right) \tag{5・7}$$

通常交流の振幅は,式(5・7)のように実効値 A_e を用いて書く.

一方,二乗でなく絶対値の平均値をとるのが絶対平均値である.正弦波の二乗の平均値と,波高値,実効値,絶対平均値の関係を図 5・6 に示す.

例題 5・2

正弦波の絶対値の平均値である絶対平均値 A_a について,波高値 A_m を用いて表せ.

[*4] 一般に家庭に供給される交流で電圧 100 V といえば,実効値のことをいっていて,その最大値は $100\sqrt{2}$ V(約 141 V)である.

■答え

正の半周期分の平均値計算をすればよい．結果は以下のようになる．

$$A_a = \frac{1}{T/2}\int_0^{T/2} A_m \sin\omega t\, dt = \frac{1}{T/2}\left[-\frac{A_m}{\omega}\cos\omega t\right]_0^{T/2} = \frac{2}{\pi}A_m$$

最大値に対して A_e は約 0.707 倍であるが，A_a は約 0.637 倍となる．

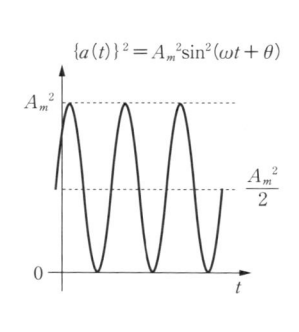

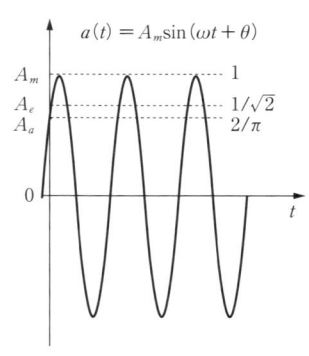

（a）正弦波の二乗平均値　　（b）正弦波の波高値，実効値，絶対平均値

図 5・6

5・3 位 相

交流の計算を行う際，角周波数 ω は通常電源の角周波数に統一されるので，あまり重要ではない．位相の中で特に**位相角**が大事である．位相角のみ異なる二つの正弦波を図示すると，**図 5・7** になる．

$$a_1(t) = \sqrt{2}A_e\sin(\omega t + \theta_1) \tag{5・8}$$
$$a_2(t) = \sqrt{2}A_e\sin(\omega t + \theta_2) \tag{5・9}$$

図 5・7 は $\theta_2 > \theta_1$ の場合を示している．このとき，$a_2(t)$ は $a_1(t)$ に比べて位相が $(\theta_2 - \theta_1)$〔rad〕**進んでいる**という．逆の場合は**遅れている**という．

> 演習問題

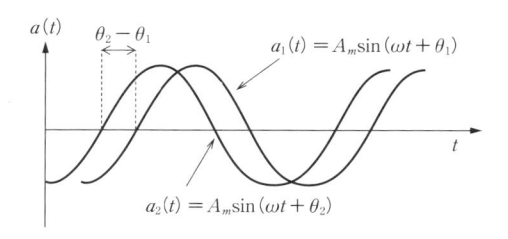

図5·7 位相角のみの異なる正弦波

例題 5・3

$a_1(t) = A_m \sin \omega t$ と $a_2(t) = A_m \sin(\omega t + \pi/2)$ の正弦波について，位相の進みと遅れの関係を述べて，概略を図示せよ．

■答え

$a_2(t) = A_m \sin(\omega t + \pi/2)$ の位相が $a_1(t) = A_m \sin \omega t$ より $\pi/2$ 進んでいて，概略図は図5·8のようになる．

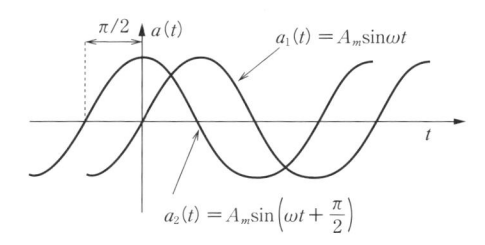

図5·8

演習問題

1 正弦波の周期 $T = 10$ ms のとき，周波数 f と角周波数 ω を求めよ．また，$f = 50$ Hz のとき，T を求めよ．

2 実効値が $V_e = 50$ V の正弦波の波高値を求めよ．また波高値 $V_m = 100$ V の正弦波の実効値を求めよ．

41

3 電圧を表す以下の二つの正弦波

$$v_1(t) = 100\sqrt{2}\,\sin\left(120\pi t - \frac{\pi}{6}\right)\;[\mathrm{V}]$$

$$v_2(t) = 200\sqrt{2}\,\sin\left(120\pi t - \frac{\pi}{3}\right)\;[\mathrm{V}]$$

について概略を図示し,両者の位相の進みや遅れを答えよ.

4 図 5・9 の正弦波 $v(t)$ [V] を表す式を書け.

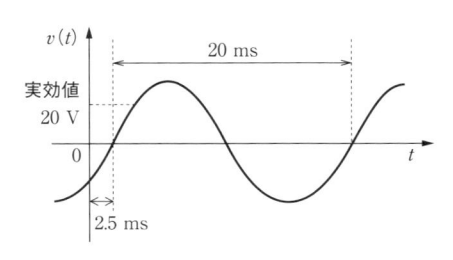

図 5・9

5 以下の正弦波で表された電流について,その波高値,実効値,周波数,角周波数,周期,位相角を求めよ.また,$t = 10\,\mathrm{ms}$ のときの位相を求めよ.ただし,位相については [rad] で表せ.

$$i(t) = 2\sqrt{2}\,\sin\left(100\pi t - \frac{3\pi}{4}\right)\;[\mathrm{mA}]$$

6章 フェーザ表示と複素数表示

5章では交流を瞬時値で表現したが，一般にsinやcosを含む計算は難しくなりがちである．正弦波をスマートに計算するため，電気回路論では複素数を用いた計算が行われる．5章で述べた正弦波の数式表現をもとにして，本章で複素数と正弦波がどうつながるか，特にその数学的な面を学ぶ．

6・1 複 素 数

複素数は実数部（real part）と虚数部（imaginary part）で表せる．虚数単位 $\sqrt{-1}$ は数学や物理では i だが，電気工学では通常 j を使う（i は電気回路論では通常は電流を表すため）．つまり，一般に F_r と F_i を実数として，

$$\dot{F} = F_r + jF_i \tag{6・1}$$

と表せる．ここで右辺の虚数部は実数 F_i と虚数 j の積で表されているが，左辺の $\dot{F}$ はそれ単体が複素数を意味している．複素数であることを明示する場合，本書では上に・（ドット）を付けて，$\dot{F}$ の記号を使う[*5]．$\dot{F}$ の**共役**（conjugate）**複素数** $\bar{F}$ は

$$\bar{F} = F_r - jF_i \tag{6・2}$$

と定義される．共役複素数を用いると，実数部，虚数部を

$$F_r = \frac{1}{2}\left(\dot{F} + \bar{F}\right) \tag{6・3}$$

$$F_i = \frac{1}{j2}\left(\dot{F} - \bar{F}\right) \tag{6・4}$$

と表せる．

[*5] 一般にはドットがなくても複素数であることを意識しなければならない場合が多い．

6・2 複素平面

　実数は一次元の数直線上の点として表現できるが,複素数を点で表現するためには虚数の軸が必要である.横軸を実数の軸とし,縦軸を虚数の軸とする平面を**複素平面**と呼ぶ.そして,式(6・1)を複素数の**直交座標表示**というが,図6・1はそれを複素平面で表示している.図6・2は式(6・2)の共役複素数を複素平面で表示している.

　複素数の別の表現方法として,図6・3のようなベクトルを考え,その長さ F と偏角 θ (実数軸からの角度)で表すこともできる.その記号表現を

$$\dot{F} = F\angle\theta \tag{6・5}$$

とする.これを**極座標表示**(**極形式**)という.複素数もベクトルも,その大きさと偏角があるので,まったく同様に矢印によって表せる.

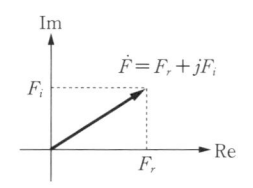

図6・1 直交座標表示した複素平面上の複素数

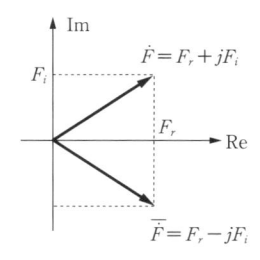

図6・2 複素数と共役複素数

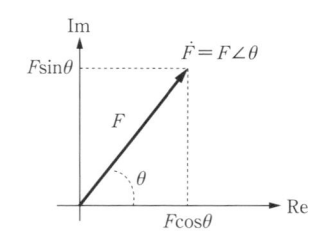

図6・3 極座標表示した複素数

6・3 オイラーの式

数学上は自然対数の底 e を $j\theta$ 乗すると複素数になることが知られており，複素平面上のその点は，図6・4のように，単位円周上を角度 θ だけ進んだ位置にある．すなわち

$$e^{j\theta} = \cos\theta + j\sin\theta \tag{6・6}$$

である．これを**オイラーの式**と呼ぶ．図からわかるように，極座標表示を用いると

$$e^{j\theta} = 1\angle\theta \tag{6・7}$$

である．

一般の複素数はその F 倍

$$F\angle\theta = Fe^{j\theta} \tag{6・8}$$

と表せる．$F\angle\theta$ は記号的な表現であるが，$Fe^{j\theta}$ は F と $e^{j\theta}$ の掛け算であり，電気回路論以外の分野でも通用する数学的表現である．

$$F\angle\theta = Fe^{j\theta} = F(\cos\theta + j\sin\theta) = (F\cos\theta) + j(F\sin\theta)$$
$$= F_r + jF_i \tag{6・9}$$

$$F_r = F\cos\theta \tag{6・10}$$

$$F_i = F\sin\theta \tag{6・11}$$

となる．

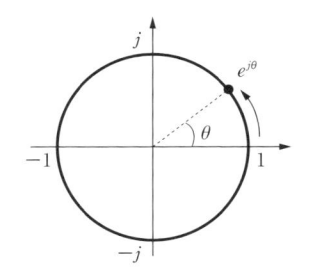

図6・4 複素平面上での $e^{j\theta}$

例題 6・1 ....

式(6・9)と逆に，直交座標表示の式 $\dot{F} = F_r + jF_i$ のパラメータ F_r, F_i から

極座標表示の式 $\dot{F}=F\angle\theta$ のパラメータ F, θ を表す関係式を導け．また，複素数 $\dot{F}=20\angle 45°$ を直交座標の式で表せ．

■答え

$F_r=F\cos\theta$, $F_i=F\sin\theta$ から，逆に $F=$, $\theta=$ の式を導けばよく

$$F=\sqrt{F_r{}^2+F_i{}^2}, \quad \theta=\tan^{-1}\frac{F_i}{F_r}$$

となる．また，$\dot{F}=20\angle 45°$ なら

$$\dot{F}=20(\cos 45°+j\sin 45°)=10\sqrt{2}+j10\sqrt{2}$$

6・4 加 減 算

複素数の四則演算について述べる．二つの複素数を

$$\dot{F}_1=F_{r1}+jF_{i1} \tag{6・12}$$

$$\dot{F}_2=F_{r2}+jF_{i2} \tag{6・13}$$

としてこれらを加算すると

$$\dot{F}_1+\dot{F}_2=(F_{r1}+jF_{i1})+(F_{r2}+jF_{i2})=(F_{r1}+F_{r2})+j(F_{i1}+F_{i2}) \tag{6・14}$$

となる．図 6・5 でわかるように，複素数をベクトルのように考え，視覚的に理解するとよい．また，引き算は以下のようになる．

$$\dot{F}_1-\dot{F}_2=(F_{r1}+jF_{i1})-(F_{r2}+jF_{i2})=(F_{r1}-F_{r2})+j(F_{i1}-F_{i2}) \tag{6・15}$$

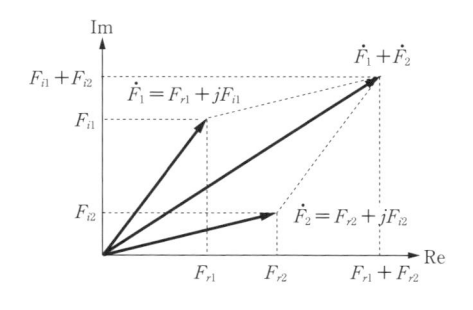

図 6・5 複素平面での複素数の足し算

6・5 乗除算

複素数の乗除算については，極形式やオイラーの式の表現を使うと見通しがよい．二つの複素数を

$$\dot{F}_1 = F_1 e^{j\theta_1} \tag{6・16}$$

$$\dot{F}_2 = F_2 e^{j\theta_2} \tag{6・17}$$

とすると

$$\begin{aligned}\dot{F}_1\dot{F}_2 &= F_1 e^{j\theta_1} F_2 e^{j\theta_2} \\ &= F_1 F_2 e^{j(\theta_1+\theta_2)}\end{aligned} \tag{6・18}$$

なので

$$\dot{F}_1\dot{F}_2 = F_1 F_2 \angle(\theta_1+\theta_2) \tag{6・19}$$

となる．つまり，絶対値（大きさ）に関しては乗算，偏角に関しては加算になる（**図6・6**）．

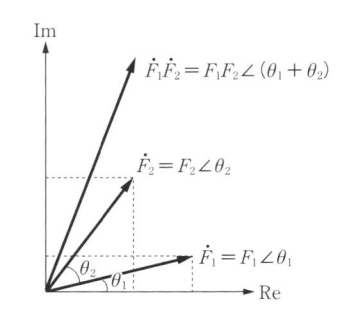

図6・6 複素平面での複素数の掛け算

または，$\dot{F}_1$ を基準とすると，大きさに関して F_2 倍，偏角は θ_2 だけ左回りに回した結果である．

特に $\dot{F}_2$ が単位円周上の複素数 $e^{j\theta}$ の場合は，$\dot{F}_1$ を θ だけ左に回した点が $\dot{F}_1 e^{j\theta}$ である（**図6・7**）．例えば，j を掛けることは 90°左回し，$-j$ を掛けることは 90°右回しに相当する．なお，掛け算の一方が実数の場合は，偏角 0 の複素数との掛け算と考えればよい．

割り算も同様に考えればよく，式(6・16), (6・17)の $\dot{F}_1$, $\dot{F}_2$ を用いて

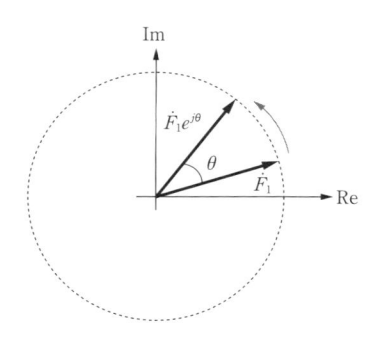

図6・7 $e^{j\theta}$ の掛け算

$$\frac{\dot{F}_1}{\dot{F}_2} = \frac{F_1 e^{j\theta_1}}{F_2 e^{j\theta_2}} = \frac{F_1}{F_2} e^{j(\theta_1 - \theta_2)} = \frac{F_1}{F_2} \angle (\theta_1 - \theta_2) \tag{6・20}$$

となる．つまり，$F_2 e^{j\theta_2}$ で割るということは，長さを F_2 分の1にし，偏角を θ_2 引く（右回り回転）ことを意味する．

また，直交座標表示された複素数の割り算が必要な場合がよくあるが，分母の複素数を実数にする有理化という以下の計算手法が用いられる．

$$\frac{\dot{F}_2}{\dot{F}_1} = \frac{F_{r2} + jF_{i2}}{F_{r1} + jF_{i1}} \tag{6・21}$$

を計算する際，分母・分子に $F_{r1} - jF_{i1}$ を掛けると

$$\frac{\dot{F}_2}{\dot{F}_1} = \left(\frac{F_{r2} + jF_{i2}}{F_{r1} + jF_{i1}}\right)\left(\frac{F_{r1} - jF_{i1}}{F_{r1} - jF_{i1}}\right) = \frac{F_{r1}F_{r2} + F_{i1}F_{i2}}{F_{r1}^2 + F_{i1}^2} - j\frac{F_{i1}F_{r2} - F_{r1}F_{i2}}{F_{r1}^2 + F_{i1}^2}$$

$$\tag{6・22}$$

となり，直交座標形式で表せる．

例題 6・2

次の複素数の掛け算と割り算 $\left(10\angle\frac{\pi}{3}\right) \times \left(2\angle\frac{\pi}{6}\right)$, $\left(10\angle\frac{\pi}{3}\right) \div \left(2\angle\frac{\pi}{6}\right)$ を求めよ．また $\frac{2+j}{1+j}$ を有理化して，$F_r + jF_i$ の直交座標表示にせよ．

■答え

$$\left(10\angle\frac{\pi}{3}\right)\times\left(2\angle\frac{\pi}{6}\right)=(10\times2)\angle\left(\frac{\pi}{3}+\frac{\pi}{6}\right)=20\angle\frac{\pi}{2}$$

$$\left(10\angle\frac{\pi}{3}\right)\div\left(2\angle\frac{\pi}{6}\right)=\left(\frac{10}{2}\right)\angle\left(\frac{\pi}{3}-\frac{\pi}{6}\right)=5\angle\frac{\pi}{6}$$

$$\frac{2+j}{1+j}=\frac{(2+j)(1-j)}{(1+j)(1-j)}=\frac{2-2j+j+1}{1+1}=\frac{3}{2}-j\frac{1}{2}$$

6·6 フェーザ表示と複素数表示

　正弦波を複素数で表す方法を説明する．5章で述べたように，正弦波は等速回転運動する点の射影なので

$$a(t)=\sqrt{2}\,A_e\sin(\omega t+\theta)=\mathrm{Im}(\sqrt{2}\,A_e e^{j\theta}\cdot e^{j\omega t}) \tag{6·23}$$

と表すことができる．なお，式(6·23)中の Im は複素数の虚数部をとる演算を意味する．式(6·23)には三つのパラメータ A_e, θ, ω が存在するが，このうち ω は重要ではない．なぜなら，抵抗・インダクタ・キャパシタでは電源の周波数（または角周波数）を変えられないからである．すると，A_e と θ だけを用いて正弦波を表せる．すなわち，正弦波

$$a(t)=\sqrt{2}\,A_e\sin(\omega t+\theta) \tag{6·24}$$

に対して，実効値 A_e と偏角 θ を用いた複素数

$$\dot{A}=A_e\angle\theta \tag{6·25}$$

を対応させる．対応させるだけであって，両者が等しいわけではない．しかし，このように記述すると，任意の位相角および実効値をもつ正弦波を，複素平面上の1点で表現できることになる．これを**交流のフェーザ表示**と呼ぶ．式(6·25)は式(6·23)右辺の回転項 $e^{j\omega t}$ を無視し

$$A_e e^{j\theta} \tag{6·26}$$

のみを取り出した複素数ともいえる．

　一方，式(6·25)は直交座標表示を用いて

$$\dot{A}=A_r+jA_i$$

と表しても同じである．これを**交流の複素数表示**と呼ぶ．

6章 フェーザ表示と複素数表示

まとめると以下の図6・8のようになる.

$$\boxed{\begin{array}{l}\text{正弦波 } a(t)=\sqrt{2}A_e\sin(\omega t+\theta)=\mathrm{Im}(\sqrt{2}\ A_e e^{j\theta}\cdot e^{j\omega t}) \text{ から}\\ A_e \text{ と } \theta \text{ だけを取り出したものがフェーザ } \dot{A} \text{ であり,}\\ \text{瞬時値 } a(t)=\sqrt{2}A_e\sin(\omega t+\theta) \Longleftrightarrow \text{フェーザ表示 } \dot{A}=A_e\angle\theta(=A_e e^{j\theta})\end{array}}$$

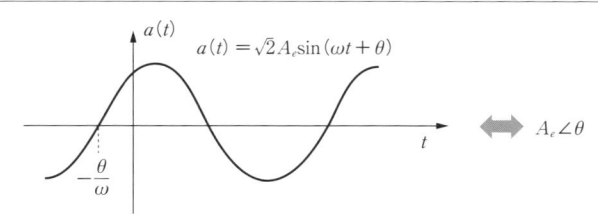

図6・8 正弦波とフェーザとの対応関係

例題 6・3

角周波数 $\omega=100\ \mathrm{rad/s}$,実効値 $A_e=50$,偏角 $\pi/3$〔rad〕の正弦波を瞬時値とフェーザ表示で表せ.

■答え

瞬時値では $a(t)=50\sqrt{2}\ \sin\left(100t+\dfrac{\pi}{3}\right)$ で,フェーザ表示すると,$\dot{A}=50\angle\dfrac{\pi}{3}$ となる.

Column

▶波の複素数表示

電気回路論で正弦波を複素数表示し,**フェーザ**と呼んで交流回路論の計算をする.本章はその基本的な部分を述べた.ここで述べたことは,正弦波を便利に計算する手法なので,電気回路論に限らず,一般的に正弦波を使って計算をしたい場合に,広い適用分野をもつ重要な知識である.

例えば,放送や通信などで広く使われる電磁波の伝搬解析でも複素数表示が使われる.しかし,フェーザと少し異なる部分もある.すなわち,一般に電磁波解析の際には,実効値でなく波高値(振幅の最大値)を使い,通常虚部でなく実部をとる(cosを使う)ことがふつうである.しかし,本質的な部分はもちろん変わってい

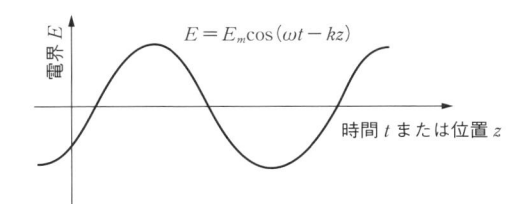

ない．また同じ電磁波解析でも，物理系の教科書と電気・電子系の教科書で，表面的な違い（i と j，ωt の符号など）が見られる．本質的な理解を深めておけば，ここで学んだことは広く役に立つ．

電磁波解析で用いられる式と波形図の例

演習問題

1 二つの複素数 $\dot{F}_1=2+j$，$\dot{F}_2=1+j3$ について，その和 $\dot{F}_1+\dot{F}_2$，差 $\dot{F}_1-\dot{F}_2$，積 $\dot{F}_1\dot{F}_2$ を計算せよ．解は直交座標で表せ．

2 二つの複素数 $\dot{F}_1=2\angle 90°$，$\dot{F}_2=1\angle 30°$ について，その和 $\dot{F}_1+\dot{F}_2$，差 $\dot{F}_1-\dot{F}_2$，積 $\dot{F}_1\dot{F}_2$ を計算せよ．解は直交座標で表せ．

3 複素数の除算 $\dot{F}=\dfrac{2-j2}{4-j3}$ を計算して，直交座標でその実部と虚部を示せ（分母の有理化を使う）．

4 一般にある複素数 $\dot{F}$ に対して $-\dot{F}$，また実数を a として $a\dot{F}$ を複素平面で図示せよ．また，$\dot{Z}=-j$，$\dot{Z}=1+j$，$\dot{Z}=2e^{j\frac{\pi}{2}}$，$\dot{Z}=2\angle \pi$ を複素平面で図示せよ．

5 二つの複素数 $\dot{F}_1=1+j$，$\dot{F}_2=-j$ について，直交座標表示で積 $\dot{F}_1\dot{F}_2$ を計算し，次に極座標表示して積 $\dot{F}_1\dot{F}_2$ を計算し，一致することを確かめよ．また，その結果を複素平面で図示し，$\dot{F}_1\dot{F}_2$ は，$\dot{F}_1$ を基準として $\dot{F}_2$ の偏角だけ回転させた結果になっていることを確かめよ．

6 周波数 $f=60$ Hz,実効値 $A_e=2$,偏角 $\pi/2$〔rad〕の正弦波を瞬時値とフェーザ表示で表せ.

7章 フェーザによる交流回路の解析

前章で数学的に正弦波とフェーザ（複素数）のつながりを説明したが，本章では，フェーザ表示が実際に電気回路の中でどう使われ，どう便利かについて説明する．

7·1 電圧と電流のフェーザ表示

交流電圧 $v(t)$ および交流電流 $i(t)$ を前章で学んだようにフェーザ表示すると

$$\dot{V} = V_e \angle \theta_V \ [\mathrm{V}] \tag{7·1}$$

$$\dot{I} = I_e \angle \theta_I \ [\mathrm{A}] \tag{7·2}$$

となる．単位は直流と同じV（ボルト）とA（アンペア）である．V_e や I_e はそれぞれ電圧，電流の実効値で，θ_V や θ_I はそれぞれ電圧，電流の偏角を示している．図7·1のように，複素平面で，フェーザの大きさと偏角を視覚的に一目で理解しやすく表したのが**フェーザ図**である．

電気回路論でフェーザ表示を用いる利点は，瞬時値の表記 $v(t)$ や $i(t)$ に戻さなくても，そのまま加減算を行ったり，オームの法則を適用できる点である．そのため，正弦波の計算がきわめて簡単になり，また直流と同様の式が使えるようになる．以降の節で，素子ごとに使い方を説明する．

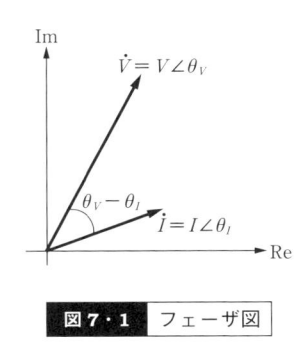

図7·1 フェーザ図

例題 7・1

周波数 60 Hz, 電圧 100 V, 偏角 $\pi/3$ 〔rad〕の交流電圧をまず瞬時値で実数表示し, 次にそれをフェーザ表示せよ.

■答え

まず瞬時値表示では

$$v(t) = 100\sqrt{2}\,\sin\left(2\pi \times 60t + \frac{\pi}{3}\right) = 100\sqrt{2}\,\sin\left(120\pi t + \frac{\pi}{3}\right) \text{〔V〕}$$

$v(t) = 100\sqrt{2}\,\sin\left(120\pi t + \frac{\pi}{3}\right) = \mathrm{Im}(100\sqrt{2}\,e^{j120\pi t}e^{j\frac{\pi}{3}})$ より, フェーザ表示すると

$$\dot{V} = 100\angle\frac{\pi}{3}\text{〔V〕} \quad \text{となる.}$$

7・2 抵抗における基本関係式

抵抗における電圧と電流の関係式は $v(t) = Ri(t)$ なので, これに正弦波電流 $i(t) = \sqrt{2}\,I_e \sin(\omega t + \theta_i)$ を代入して, 電圧 $v(t)$ を導くと

$$\begin{aligned}
v(t) &= Ri(t) \\
&= R\{\sqrt{2}\,I_e \sin(\omega t + \theta_i)\} \\
&= \sqrt{2}\,RI_e \sin(\omega t + \theta_i)
\end{aligned} \tag{7・3}$$

となる. ここで両辺をフェーザ表示すると

$$\dot{V} = RI_e\angle\theta_i = R\dot{I} \tag{7・4}$$

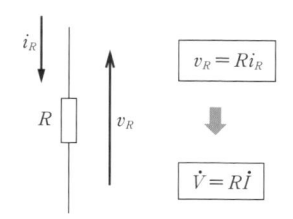

図 7・2 抵抗素子での電圧・電流の関係とフェーザ表示

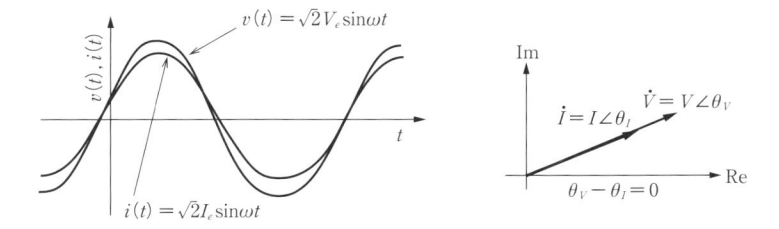

図7・3 抵抗素子での電圧・電流の瞬時値の関係とフェーザ図

であるから，フェーザ表示 $\dot{V}$ と $\dot{I}$ の間にも，やはりオームの法則

$$\dot{V} = R\dot{I} \tag{7・5}$$

が成立することがわかる．図7・2にこの関係をまとめている．

抵抗の場合，R が実数なので，電圧・電流の位相差がない（図7・3）．

7・3 インダクタにおける基本関係式

インダクタにおける電圧と電流の関係は

$$v(t) = L\frac{di(t)}{dt} \tag{7・6}$$

なので，これに正弦波電流 $i(t) = \sqrt{2}I_e \sin(\omega t + \theta_i)$ を代入して，電圧 $\dot{V}$ を導くと

$$v(t) = L\frac{d}{dt}\{\sqrt{2}I_e \sin(\omega t + \theta_i)\} = \sqrt{2}\omega L I_e \cos(\omega t + \theta_i)$$

$$= \sqrt{2}\omega L I_e \sin\left(\omega t + \theta_i + \frac{\pi}{2}\right) \tag{7・7}$$

となる．つまり，電圧の位相が電流より 90° 進む．もし式(7・7)をフェーザ表示すると，どれくらい簡単になるか確かめよう．両辺をフェーザ表示すると

$$\dot{V} = \omega L I_e \angle \left(\theta_i + \frac{\pi}{2}\right)$$

$$= j\omega L I_e \angle \theta_i$$

$$= j\omega L \dot{I} \tag{7・8}$$

と書ける．つまり，$\dot{V}$ と $\dot{I}$ の間には

$$\dot{V} = j\omega L \dot{I} \tag{7・9}$$

の関係が成り立つ．

これらの関係をまとめたのが図7・4と図7・5である．

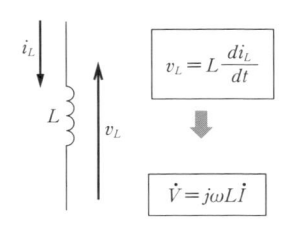

図7・4 インダクタ素子での電圧・電流の関係とフェーザ表示

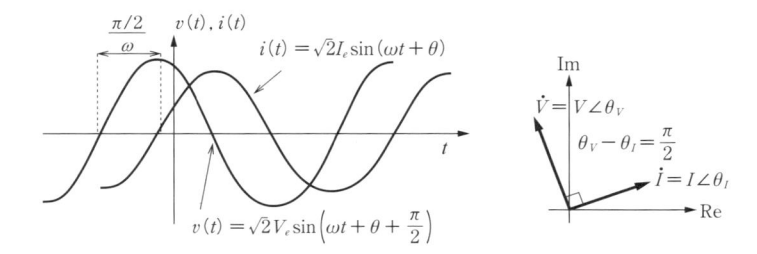

図7・5 インダクタ素子での電圧・電流の瞬時値の関係とフェーザ図

例題7・2

オイラーの式を使って，式(7・8)の計算をせよ．

■答え

オイラーの式では $j = e^{j\frac{\pi}{2}}$ であるので，式(7・8)は

$$\dot{V} = \omega L I_e e^{j\left(\theta_i + \frac{\pi}{2}\right)} = e^{j\frac{\pi}{2}} \omega L I_e e^{j\theta_i} = j\omega L I_e e^{j\theta_i} = j\omega L \dot{I}$$

となって式(7・9)と同じとなる．

7・4 キャパシタにおける基本関係式

キャパシタにおける電圧と電流の関係は

$$i(t) = C\frac{dv(t)}{dt} \tag{7・10}$$

なので，これに正弦波電圧 $v(t) = \sqrt{2}\,V_e \sin(\omega t + \theta_v)$ を代入し，電流 $i(t)$ を導くと

$$i(t) = C\frac{d}{dt}\{\sqrt{2}\,V_e \sin(\omega t + \theta_v)\} = \sqrt{2}\,\omega C V_e \cos(\omega t + \theta_v)$$

$$= \sqrt{2}\,\omega C V_e \sin\left(\omega t + \theta_v + \frac{\pi}{2}\right) \tag{7・11}$$

となる．つまり，電流の位相が電圧の位相より 90° 進む．もし式(7・11)をフェーザ表示すると，どれくらい簡単になるか確かめよう．両辺をフェーザ表示すると

$$\dot{I} = \omega C V_e \angle\left(\theta_v + \frac{\pi}{2}\right) = j\omega C \dot{V}_e \angle \theta_v$$

$$= j\omega C \dot{V} \tag{7・12}$$

と書ける．つまり，$\dot{V}$ と $\dot{I}$ の間には

$$\dot{V} = \left(\frac{1}{j\omega C}\right)\dot{I} \tag{7・13}$$

の関係が成り立つ．これらの関係をまとめたのが図 7・6 と図 7・7 である．キャパシタの場合，電流の位相が電圧より 90° 進む．インダクタとは電圧と電流の関係が逆となっている．

例題 7・2 と同様にオイラーの式を使うと，式(7・12)の計算は

$$\dot{I} = \omega C V_e e^{j\left(\theta_v + \frac{\pi}{2}\right)} = j\omega C V_e e^{j\theta_v} = j\omega C \dot{V} \tag{7・14}$$

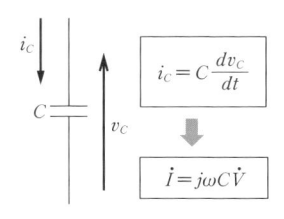

図 7・6 キャパシタ素子での電圧・電流の関係とフェーザ表示

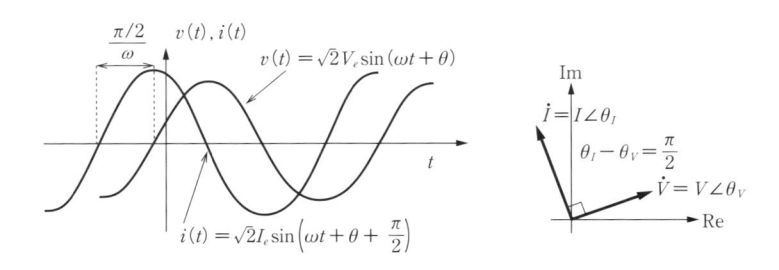

7章 ■ フェーザによる交流回路の解析

図7・7 キャパシタ素子での電圧・電流の瞬時値の関係とフェーザ図

となる．

以上のように，抵抗，インダクタ，キャパシタにおいてフェーザ表示を用いると，sin 関数や cos 関数を微分する必要がなくなる．

なお，式(7・6)と(7・9)や，式(7・10)と(7・13)を比べると

時間関数における微分 $\dfrac{d}{dt}$ ⟺ フェーザにおける $j\omega$ の乗算

の対応があるのがわかる．同様に

時間関数における積分 $\int dt$ ⟺ フェーザにおける $\dfrac{1}{j\omega}$ の乗算

の関係がある．

演習問題

1 周波数 60 Hz，電流の実効値 2 A，偏角 $\pi/8$〔rad〕の交流電流について，まず瞬時値で表示し，次にそれをフェーザ表示せよ．

2 瞬時値での電圧 $v(t) = 6\sin(120\pi t + \pi/3)$〔V〕，電流 $i(t) = 2\sin(120\pi t + \pi/6)$〔A〕としたとき，それらをフェーザ表示し，またフェーザ図で書け．その際，電圧，電流の位相角差を明示せよ．

3 ある回路素子が抵抗，インダクタ，キャパシタのどれか一つとする．端子間に印加されたフェーザ電圧 $\dot{V}$ と電流 $\dot{I}$ の関係を見ると，その大きさの比 $|\dot{V}〔V〕|/|\dot{I}〔A〕| = 2$ で，電圧・電流の位相角差がなかった．この素子の種類を

答えよ．またその場合，電圧と電流の関係式をフェーザ表示で書き，その素子の R または L または C を求めよ．ただし，交流の角周波数を $\omega=10^3$ rad/s とする．

4 ある回路素子が抵抗，インダクタ，キャパシタのどれか一つとする．端子間に印加されたフェーザ電圧 $\dot{V}$ と電流 $\dot{I}$ の関係を見ると，その大きさの比 $|\dot{V}\,[\mathrm{V}]|/|\dot{I}\,[\mathrm{A}]|=5$ で，電圧の位相角が電流の位相角より $\pi/2$ 進んでいる．この素子の種類を答えよ．またその場合，電圧と電流の関係式をフェーザ表示で書き，その素子の R または L または C を求めよ．ただし，交流の角周波数を $\omega=10^3$ rad/s とする．

8章 インピーダンスとアドミタンス

本章では,簡単な直列接続と並列接続を例にして,フェーザを使った交流回路計算の基礎を学ぶ.その際,直流の場合の抵抗やコンダクタンスに相当するインピーダンスとアドミタンスが定義される.

8・1 インピーダンスとアドミタンス

前章で,抵抗・インダクタ・キャパシタそれぞれについてフェーザ表示すると,直流のオームの法則と見かけ上同じ式が成り立つことがわかった.すなわち,R,$j\omega L$,$1/j\omega C$ をまとめて複素数 $\dot{Z}$ とすると

$$\dot{V} = \dot{Z}\dot{I} \tag{8・1}$$

と書ける.この $\dot{Z}$ を**インピーダンス**(impedance)と呼ぶ.またそれらの逆数を

$$\dot{Y} = \frac{1}{\dot{Z}} \tag{8・2}$$

と定義すると

$$\dot{I} = \dot{Y}\dot{V} \tag{8・3}$$

と書ける.$\dot{Y}$ を**アドミタンス**(admittance)という.単位は直流と同じで,それぞれ $\dot{Z}$ 〔Ω〕,$\dot{Y}$ 〔S〕である.また両方合わせて**イミタンス**(immittance)という.直流との比較から

  直流の抵抗 R → 交流のインピーダンス $\dot{Z}$

  直流のコンダクタンス G → 交流のアドミタンス $\dot{Y}$

という対応関係がある.

抵抗,インダクタ,キャパシタそれぞれの前章の結果をまとめると,**図 8・1**と**図 8・2**のようになる.なお,$\dot{V}$,$\dot{I}$,$\dot{Z}$ は全部複素数だが,物理的意味は異な

8・1 インピーダンスとアドミタンス

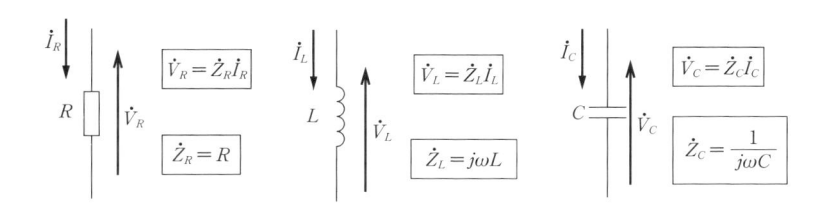

図8・1 交流での各回路素子の電流・電圧の関係式とインピーダンス

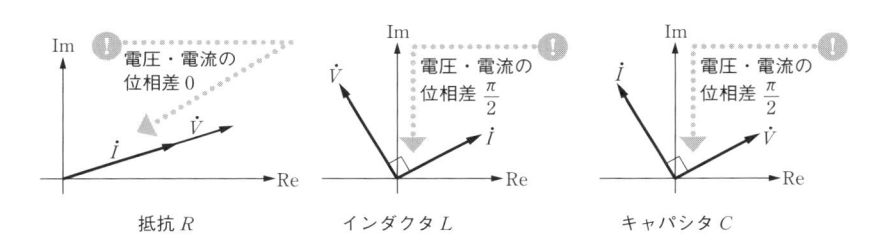

図8・2 フェーザ図で示した各回路素子の電流・電圧の関係

る．

- $\dot{V}$, $\dot{I}$ は正弦波が対応したフェーザである．
- $\dot{Z}$ や $\dot{Y}$ は正弦波が対応していない．

一般に極座標表示を用いて，電圧 $\dot{V} = V\angle\theta_V$，電流 $\dot{I} = I\angle\theta_I$，インピーダンス $\dot{Z} = Z\angle\theta_Z$ とすると

$$\dot{V} = \dot{Z}\dot{I} = ZI\angle(\theta_Z + \theta_I) \tag{8・4}$$

となるので，大きさについては

$$V = ZI \tag{8・5}$$

また偏角については

$$\theta_V = \theta_Z + \theta_I \tag{8・6}$$

の関係がある．これを図示すると**図8・3**のようになる．$\dot{Z}$ や $\dot{Y}$ は，$\dot{V}$, $\dot{I}$ の絶対値と位相を変換する複素数と見ることができる．

インピーダンスを

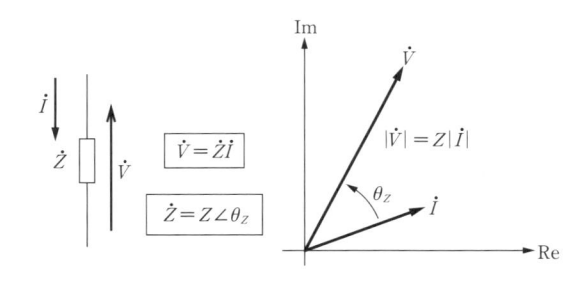

図8・3 回路素子のインピーダンスと電圧・電流の関係

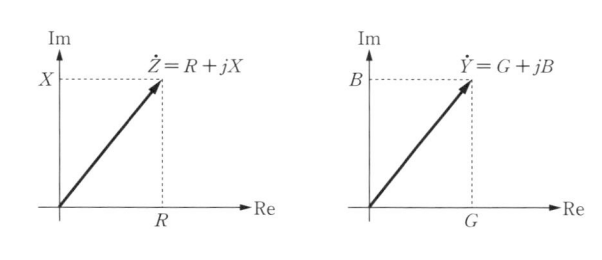

図8・4 回路素子のイミタンスの実数部・虚数部の関係

$$\dot{Z} = R + jX \tag{8・7}$$

のように複素数表示したとき，実数部 R を**抵抗**（resistance），虚数部 X を**リアクタンス**（reactance）と呼ぶ．単位はすべて Ω である．

また，アドミタンスを

$$\dot{Y} = G + jB \tag{8・8}$$

のように複素数表示したとき，実数部 G を**コンダクタンス**（conductance），虚数部 B を**サセプタンス**（susceptance）と呼ぶ．単位はすべて S である．フェーザ図で図8・4のような関係となる．

なお，位相の遅れと進みに関連して，ある回路のリアクタンス X が正の場合を**誘導性インピーダンス**，負の場合を**容量性インピーダンス**という．

以上の説明を図8・5にまとめる．

フェーザを使った回路解析の際，各回路の合成インピーダンス $\dot{Z}$ やアドミタンス $\dot{Y}$ を求めることも多いが，次節ではその計算方法の基礎について述べる．

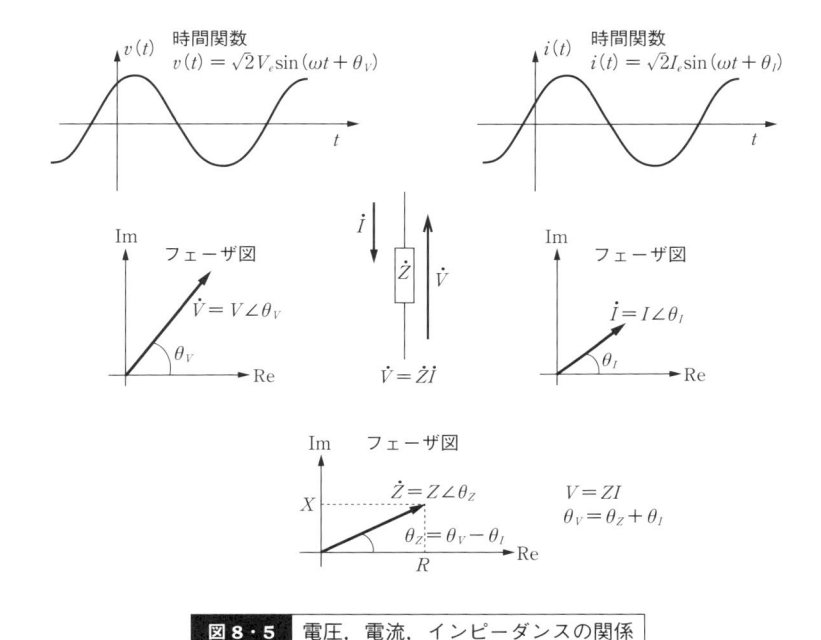

図 8・5 電圧,電流,インピーダンスの関係

8・2 回路要素の直列接続

フェーザ表示を使うと,交流でも直流と同様な式を導けて,見通しがよい.図 8・6 のように,二つの回路素子を直列に接続した場合を考える.電圧の和は

$$\dot{V} = \dot{V}_1 + \dot{V}_2 = \dot{Z}_1 \dot{I} + \dot{Z}_2 \dot{I} = (\dot{Z}_1 + \dot{Z}_2)\dot{I} \tag{8・9}$$

となるので,合成インピーダンスを $\dot{Z}$ とすると

$$\dot{Z} = \dot{Z}_1 + \dot{Z}_2 \tag{8・10}$$

となる.この式 (8・10) は直流と同様である.

例えば,図 8・6 の二つの回路素子が抵抗 R とインダクタ L である場合,合成インピーダンスは

$$\dot{Z} = R + j\omega L \tag{8・11}$$

となる.

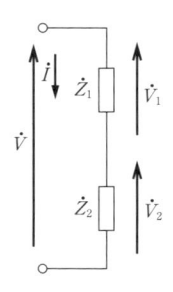

図8・6 回路素子の直列接続

例題 8・1

抵抗とキャパシタの直列回路について，合成インピーダンスを求め，抵抗とリアクタンスを示せ．

■**答え**

RL 直列回路と同様に，それぞれの回路要素のインピーダンスの足し算になり

$$\dot{Z} = R + \frac{1}{j\omega C} = R - j\frac{1}{\omega C}$$

となるので，このインピーダンスの抵抗分は R で，リアクタンス分は $-1/\omega C$ となる．

8・3 回路要素の並列接続

図8・7のような二つのインピーダンスの並列接続回路では，アドミタンス

$$\dot{Y}_1 = \frac{1}{\dot{Z}_1} \tag{8・12}$$

$$\dot{Y}_2 = \frac{1}{\dot{Z}_2} \tag{8・13}$$

を用いるとよい．電流の和は

$$\dot{I} = \dot{I}_1 + \dot{I}_2 = \dot{Y}_1 \dot{V} + \dot{Y}_2 \dot{V} = (\dot{Y}_1 + \dot{Y}_2)\dot{V} \tag{8・14}$$

なので，合成アドミタンスを $\dot{Y}$ とすると

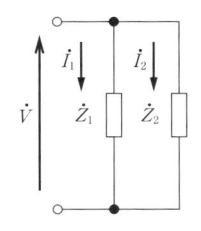

図 8・7 回路素子の並列接続

$$\dot{Y} = \dot{Y}_1 + \dot{Y}_2 \tag{8・15}$$

となる．

例として，図 8・7 の回路素子が抵抗 $R=1/G$ とキャパシタ C であったとき，合成アドミタンスは

$$\dot{Y} = G + j\omega C \tag{8・16}$$

となる．先の RL 直列回路の式(8・11)と比べると

電圧　　　　　　↔　電流
インピーダンス　↔　アドミタンス
抵抗　　　　　　↔　コンダクタンス
インダクタンス　↔　キャパシタンス

という対応がある．

例題 8・2

図 8・7 で，抵抗 R とインダクタ L の並列回路の場合について，合成アドミタンスを求めよ．コンダクタンス G を $G=1/R$ とする．また，そのアドミタンスのコンダクタンスとサセプタンスを示せ．

■答え

RC 並列回路と同様に，それぞれの回路要素のアドミタンスの足し算になり

$$\dot{Y} = G + \frac{1}{j\omega L} = G - j\frac{1}{\omega L}$$

となる．これも例題 8・1 の結果と似た式になっていることがわかる．また，コンダクタンスは G で，サセプタンスは $-1/\omega L$ となる．

例題 8・3

図 8・8 のような抵抗とインダクタの直列回路において,両端子に瞬時値で $v(t)=\sqrt{2}\,V_e\sin\omega t$ 〔V〕の交流電流を印加した.まず,印加電圧をフェーザ表示 $\dot{V}$ で表し,電流 $\dot{I}$ を計算せよ.次にフェーザ表示 $\dot{I}$ から瞬時値電流 $i(t)$ を求めよ.また,特に $R=0$ の場合で,電圧と電流のフェーザ図,および瞬時値の概略図を示せ.単位も書け.

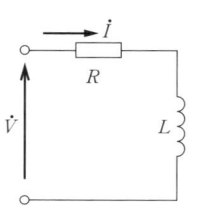

図8・8 抵抗とインダクタの直列接続

■答え

電圧は $\dot{V}=V_e$ 〔V〕で,合成インピーダンスは $\dot{Z}=R+j\omega L$ 〔Ω〕で

$$\dot{I}=\frac{\dot{V}}{\dot{Z}}=\frac{V_e}{R+j\omega L}=\frac{V_e}{\sqrt{R^2+(\omega L)^2}}\angle(-\theta)\ \text{〔A〕}$$

ただし,$\theta=\tan^{-1}\left(\dfrac{\omega L}{R}\right)$ 〔rad〕

このとき,瞬時値の電流は

$$\begin{aligned}i(t)&=\text{Im}\{\sqrt{2}\,\dot{I}e^{j\omega t}\}\\&=\text{Im}\left\{\sqrt{2}\,\frac{V_e}{\sqrt{R^2+(\omega L)^2}}e^{-j\theta}e^{j\omega t}\right\}\\&=\frac{\sqrt{2}\,V_e}{\sqrt{R^2+(\omega L)^2}}\sin(\omega t-\theta)\ \text{〔A〕}\end{aligned}$$

次に $R=0$ のとき,$\theta=\dfrac{\pi}{2}$ 〔rad〕で,$\dot{I}=\dfrac{V_e}{j\omega L}=\dfrac{V_e}{\omega L}\angle\left(-\dfrac{\pi}{2}\right)$ 〔A〕となり

$$i(t)=\frac{\sqrt{2}\,V_e}{\omega L}\sin\left(\omega t-\frac{\pi}{2}\right)=-\frac{\sqrt{2}\,V_e}{\omega L}\cos\omega t\ \text{〔A〕}$$

図8·9のように，電流より電圧が90°位相が進んでいる．

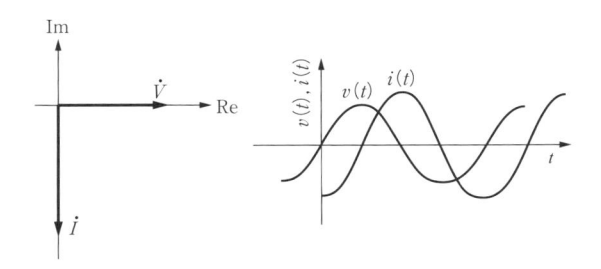

図8・9 インダクタの電圧・電流の関係

8・4 直並列回路

回路要素の直列接続なら，インピーダンスが

$$\dot{Z} = \dot{Z}_1 + \dot{Z}_2 + \dot{Z}_3 + \cdots \tag{8・17}$$

となり，抵抗，リアクタンスは

$$\dot{Z} = (R_1 + R_2 + R_3 + \cdots) + j(X_1 + X_2 + X_3 + \cdots) \tag{8・18}$$

となる．

回路要素の並列接続なら，アドミタンスが

$$\dot{Y} = \dot{Y}_1 + \dot{Y}_2 + \dot{Y}_3 + \cdots \tag{8・19}$$

となり，コンダクタンス，サセプタンスが

$$\dot{Y} = (G_1 + G_2 + G_3 + \cdots) + j(B_1 + B_2 + B_3 + \cdots) \tag{8・20}$$

と表せる．一般に直列と並列の接続の組合せの場合，式(8・17)と式(8・19)を組み合わせて計算できる．

8・5 交流ブリッジ回路

次に，少し複雑だが，4・3節で述べたブリッジ回路を交流に拡張する（図8・10）．

図の端子a-b間の電圧が0になる条件を，直流と同様に交流でも求めることができる．端子dを基準とする点aの電位と点bの電位がそれぞれ

$$\dot{V}_a = \frac{\dot{Z}_4}{\dot{Z}_2 + \dot{Z}_4}\dot{E} \tag{8・21}$$

$$\dot{V}_b = \frac{\dot{Z}_3}{\dot{Z}_1 + \dot{Z}_3}\dot{E} \tag{8・22}$$

である．ここで，$\dot{V}_a = \dot{V}_b$ の条件から

$$\dot{Z}_1\dot{Z}_4 = \dot{Z}_2\dot{Z}_3 \tag{8・23}$$

が求まる．これが交流のインピーダンスを用いた平衡条件になる．

例えば，**図8・11**の回路は**マクスウェルブリッジ**と呼ばれ，Ⓐの交流電流計で平衡を測定する．平衡時には

$$R_3 R_2 = (R_1 + j\omega L)\left(\frac{1}{j\omega C + 1/R_4}\right) \tag{8・24}$$

が成り立つ．

式(8・24)の両辺で，実数部，虚数部を比較すれば

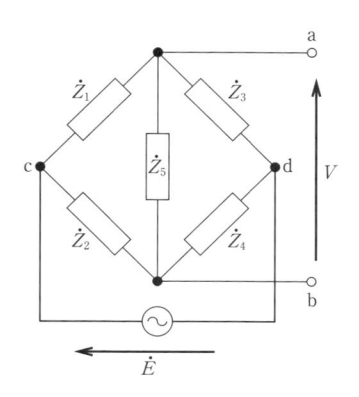

図8・10 ブリッジ回路

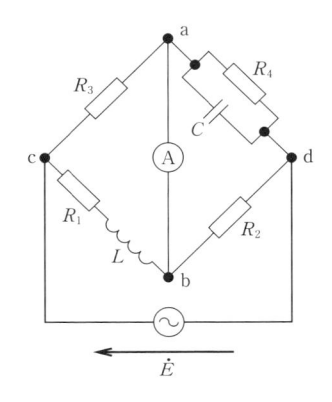

図 8・11 マクスウエルブリッジ回路

$$R_1 R_4 = R_2 R_3 \tag{8・25}$$

$$\frac{L}{C} = R_2 R_3 \tag{8・26}$$

が得られる．例えば，各抵抗値とインダクタンス L が既知なら，未知のキャパシタンス C を知ることができる．

演習問題

1 インピーダンス $\dot{Z}=2\angle\pi/3$ 〔Ω〕で，電圧 $\dot{V}=20$ V のとき，電流 $\dot{I}$ を求めよ．

2 ある回路の電圧が $\dot{V}=100\angle 60°$ 〔V〕で，電流が $\dot{I}=50\angle 30°$ 〔A〕のとき，その回路のインピーダンス $\dot{Z}$ を，極座標形式と直交座標形式で書け．

3 例題 8・3 の図 8・8 の抵抗とインダクタの直列回路で，それぞれ抵抗の電圧 $\dot{V}_R$，インダクタの電圧 $\dot{V}_L$ を求め，その位相差を求めよ．例題 8・3 と同様に，全体に印加した電圧の瞬時値は $v(t)=\sqrt{2}V_e\sin\omega t$ 〔V〕である．位相角は $\tan^{-1}X$ の形式で書け．

4 交流の角周波数 $\omega=10^3$ rad/s で，抵抗 $R(R=1\,\Omega)$ とインダクタ $L(L=1\,\text{mH})$ の直列回路に関して，直交座標表示と，極座標表示で，この回路のインピーダンス $\dot{Z}$，アドミタンス $\dot{Y}$ を求めよ．また，この回路を流れる電流 $\dot{I}$ と全体の電圧 $\dot{V}$ の位相角差を求めよ．

5 図 8・12 の回路について，以下に答えよ．

インピーダンスをそれぞれ $\dot{Z}_1=j2\,[\Omega]$，$\dot{Z}_2=4+j4\,[\Omega]$，$\dot{Z}_3=4-j4\,[\Omega]$ とする．端子 a-b 間の合成インピーダンス $\dot{Z}$ を計算せよ．次に a-b 間に瞬時値が $v(t)=20\sqrt{2}\sin\omega t\,[\text{V}]$ の交流電圧を加えたとき，フェーザを用いて，$\dot{Z}_1$ に流れる電流の瞬時値 $i_1(t)$ を計算せよ．計算結果はすべて単位も示すこと．位相角は $\tan^{-1}X$ の形式で書け．

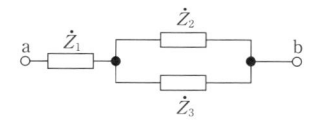

図 8・12

6 図 8・13 の交流回路について，インピーダンス $\dot{Z}_1=1+j3\,[\Omega]$，$\dot{Z}_2=1-j2\,[\Omega]$ のとき，フェーザ電流 $\dot{I}$ を計算せよ．$\dot{I}$ は極座標形式で表せ．ただし，電圧の瞬時値を $v(t)=5\sqrt{2}\sin\omega t\,[\text{V}]$ とし，電圧をフェーザ電圧 $\dot{E}$ で表して計算せよ．

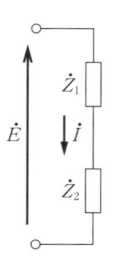

図 8・13

9章 交流回路の電力

交流回路では，電力の扱いに注意する必要がある．電圧や電流が時々刻々変化するので，電力も時間変化することに注意しなければならない．また，交流回路で使われるリアクタンス素子に対しては，直流では存在しなかった，電源と負荷との間でやりとりされる電力があり，これも重要である．交流電力についての知識は，電気エネルギーの利用効率に直結する．この章では，交流電力のごく基本となる部分を扱う．

9・1 瞬時電力と平均電力

〔1〕抵抗の消費電力

1・3節で説明したように，電力は電圧と電流の積で表される．直流の場合，電圧や電流は時間的に一定なので，両者の積も一定となり，電力の値も容易に定義できる．交流の場合は，電圧も電流も時間的に変化するので，電力も時間的に変化する（時間の関数）と考えなければならない．このような時刻ごとの値で考える電力を**瞬時電力**（instantaneous power）という．

身近な家電製品を含め，交流電源で動作する機器では，消費電力（定格電力）が表示されているものが多い．時々刻々変化する瞬時電力と，一つの値である消費電力とは，どのような関係になるのだろうか．

交流電源に抵抗が接続された回路を考える．抵抗にかかる電圧（電源の起電力に等しい）を $v(t) = V_m \cos \omega t$ とすると，電流は $i(t) = I_m \cos \omega t$ となり，対応する瞬時電力 $p(t)$ は，三角関数の倍角公式[*6]を使って

$$p(t) = v(t)i(t) = V_m I_m \cos^2 \omega t = \frac{V_m I_m}{2}(1 + \cos 2\omega t) \tag{9・1}$$

となる．これらの変化を図9・1に示す．瞬時電力は，電圧や電流の2倍の周波

[*6] $\cos 2\theta = 2\cos^2 \theta - 1$

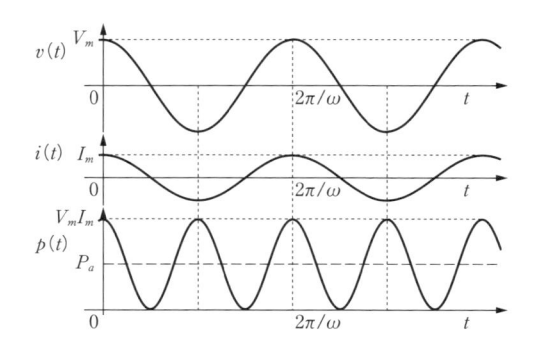

図9・1 電圧,電流,電力の時間変化(抵抗負荷)

数で周期的に変化していることがわかる.

周期的に変化する量は,1周期間で平均すれば平均値を得ることができる.図9・1によると,$p(t)$ の平均値は $V_m I_m/2$ であることがわかる.これを**平均電力**(average power)(記号を P_a とする)と呼び,機器の消費電力に相当する.平均電力には,電圧と電流の振幅(波高値)の積に 1/2 の係数が付くことになる($P_a = (1/2) V_m I_m$).5・2節で説明したように,あらかじめ交流の電圧や電流の値を波高値に $1/\sqrt{2}$ を乗じた実効値で定義しておけば($V_e = V_m/\sqrt{2}, I_e = I_m/\sqrt{2}$),平均電力はそれらの単純な積で表され($P_a = (1/2) V_m I_m = (V_m/\sqrt{2})(I_m/\sqrt{2}) = V_e I_e$),特別な係数は付かない.つまり,電圧・電流に実効値を用いれば,直流と同じように扱うことができる.

例題 9・1

式(9・1)において,$V_m = 100$ V,$I_m = 5$ A,$\omega = 100\pi$ 〔rad/s〕とするとき,図9・1に相当するグラフを描くとともに,平均電力を求めよ.

■**答え**

グラフは**図9・2**のようになり,平均電力は 250 W になる.

> 9・1 瞬時電力と平均電力

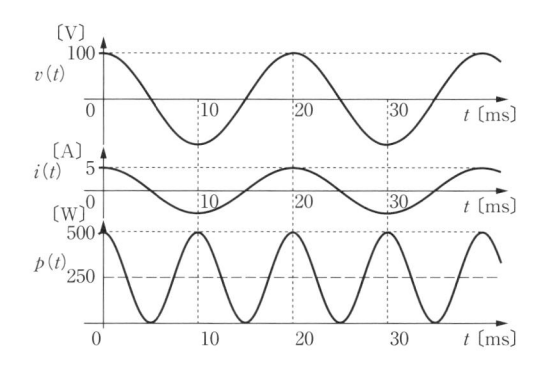

図9・2 電圧，電流，電力の時間変化（$V_m=100$ V，$I_m=5$ A，$\omega=100\pi$ 〔rad/s〕）

....

〔2〕インダクタ，キャパシタの消費電力

交流の電源に，インダクタが接続された回路で電力を考えよう．インダクタにかかる電圧を $v(t) = V_m \cos \omega t$ とすると，電流は $i(t) = I_m \cos(\omega t - \pi/2)$ となり，三角関数の積和公式[*7]を使えば

$$p(t) = v(t)i(t) = V_m I_m \cos \omega t \cos\left(\omega t - \frac{\pi}{2}\right)$$

$$= \frac{V_m I_m}{2}\left\{\cos\frac{\pi}{2} + \cos\left(2\omega t - \frac{\pi}{2}\right)\right\}$$

$$= \frac{V_m I_m}{2}\sin 2\omega t \text{[*8]} \tag{9・2}$$

となる．$p(t)$ は電圧や電流の2倍の周波数で正負に変化して，平均電力としては0となる．図9・3は，この場合について，図9・1と同様に示したものである．

このような瞬時電力の変化は，次のように考えることができる．$p(t)$ が正の場合は，従来と同じように，電源からインダクタに電力が供給されており，負の場合は逆に，インダクタから電源に電力が移されていると考える．

図9・4に沿って，順に考えよう．図（a）のように，最初の1/4周期の間は，

[*7] $\cos A \cos B = \dfrac{1}{2}\{\cos(A-B) + \cos(A+B)\}$

[*8] $\cos\left(\theta - \dfrac{\pi}{2}\right) = \sin \theta$

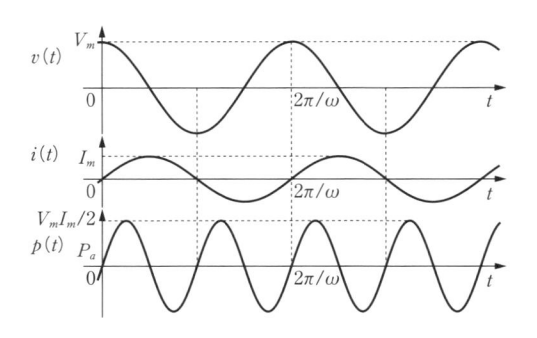

図9・3 電圧,電流,電力の時間変化(インダクタ負荷)

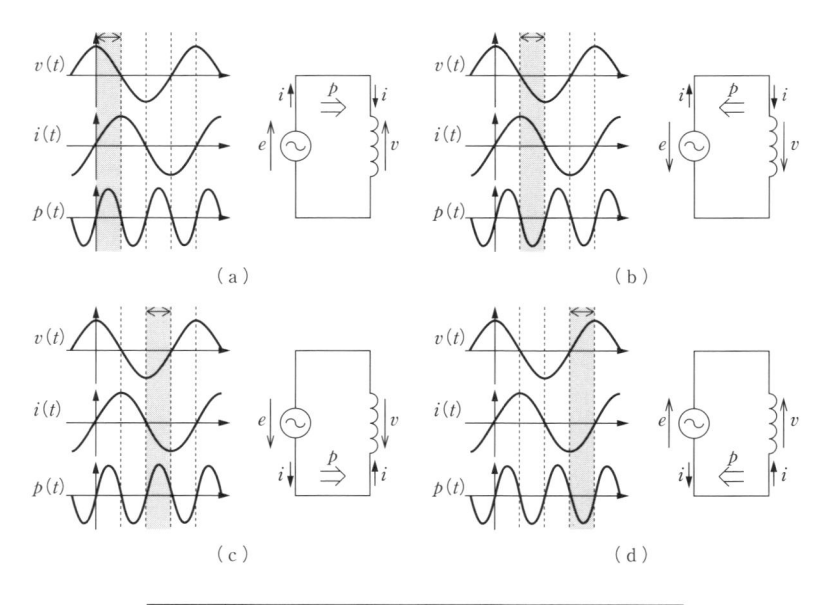

図9・4 インダクタに対する電圧,電流,電力の変化

正の電圧に対して正の電流が流れており,電源からインダクタに電力が供給されている.この期間の最後には電流は最大となり,インダクタに最大の磁気エネルギー[*9]が蓄えられる.次の1/4周期では,図(b)のように電圧が負となり,電

---

*9 インダクタの磁気エネルギーについては,2・2節〔2〕項の説明を参照.

流は減少するが正の値なので，瞬時電力も負の値になる．この期間では，インダクタは蓄えた磁気エネルギーを電源に向かって放出する．さらに次の1/4周期では，図（c）のように電圧は負のままであるが，電流の向きが変わって負となり，瞬時電力は再び正となる．この場合，逆の極性でインダクタへの電力供給が行われ，インダクタは磁気エネルギーを蓄える．さらに次の1/4周期では，図（d）のように電圧が正となり，電流は増加するが負のままなので，瞬時電力は再び負となって，蓄えたエネルギーを電源に戻す．

インダクタは，電源周波数の1/4周期ごとにエネルギーを受け取っては電源に戻すことを繰り返す．瞬時電力の正負の変化はこれを表し，平均すれば電源から取り出された電力は0となる．すなわち，インダクタは一時的にエネルギーを蓄えるだけで，消費しない．

以上，インダクタ負荷について調べたが，キャパシタ負荷では，電流の位相が進むことにより，電力の授受の順が変わるだけで，同様である．図9・4をキャパシタについて描くと**図9・5**となる．キャパシタは，静電エネルギーを蓄えるだけで[*10]，消費しない．

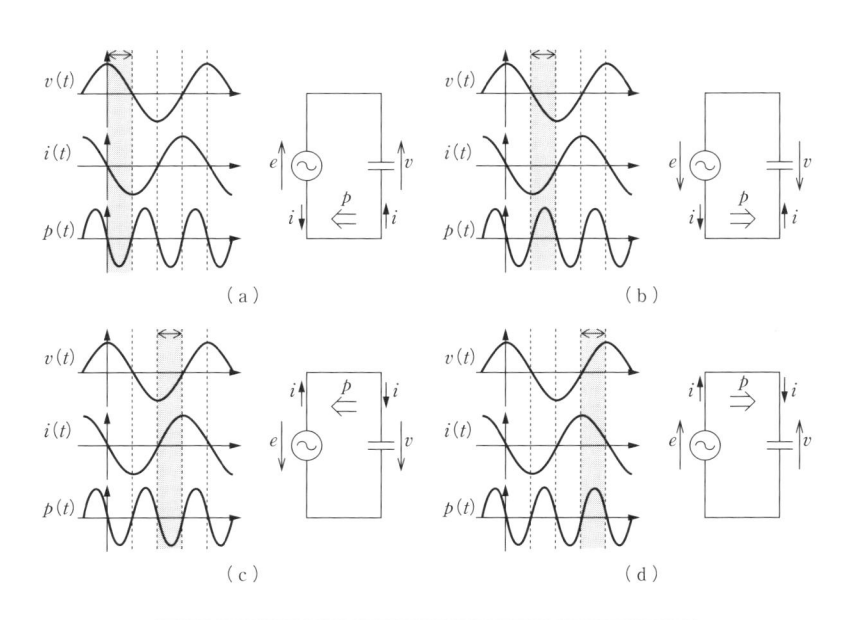

図9・5 キャパシタに対する電圧，電流，電力の変化

例題 9・2

交流の電源に，キャパシタが接続された回路について，瞬時電力 $p(t)$ を求め，図 9・3 に相当するグラフを描け．

■答え

電圧を $v(t) = V_m \cos \omega t$ とすると，電流は $i(t) = I_m \cos(\omega t + \pi/2)$ となるので，瞬時電力は

$$p(t) = v(t)i(t) = V_m I_m \cos \omega t \cos\left(\omega t + \frac{\pi}{2}\right)$$

$$= \frac{V_m I_m}{2}\left\{\cos\left(-\frac{\pi}{2}\right) + \cos\left(2\omega t + \frac{\pi}{2}\right)\right\}$$

$$= -\frac{V_m I_m}{2}\sin 2\omega t^{*11} \qquad (9・3)$$

となる．グラフは図 9・6 のようになる．

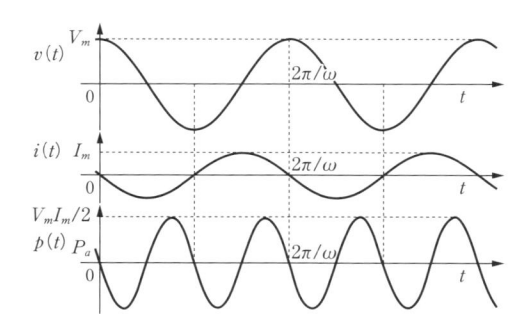

図 9・6 電圧，電流，電力の時間変化（キャパシタ負荷）

9・2 交流回路の電力の表現

〔1〕有効電力と無効電力

一般のインピーダンスが接続される場合を考えよう．インピーダンスの偏角を

---

*10 キャパシタの静電エネルギーについては，2・3 節〔2〕項の説明を参照．

*11 $\cos\left(\theta + \frac{\pi}{2}\right) = -\sin\theta$

9・2 交流回路の電力の表現

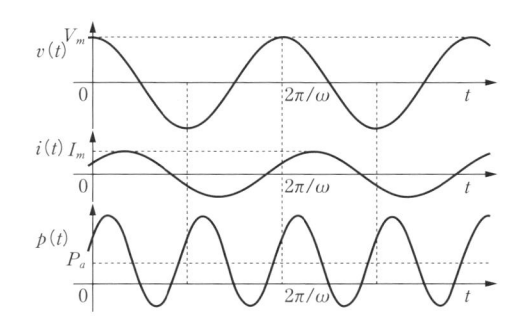

図9・7 電圧，電流，電力の時間変化（一般負荷）

θ とすると，電圧 $v(t) = V_m \cos \omega t$ に対して，電流 $i(t) = I_m \cos(\omega t - \theta)$ となる．よって

$$p(t) = v(t)i(t) = V_m I_m \cos \omega t \cos(\omega t - \theta)$$
$$= \frac{V_m I_m}{2}\{\cos \theta + \cos(2\omega t - \theta)\} \tag{9・4}$$

となる．図9・7に，この場合の時間変化波形を示す．$p(t)$ が2倍の周波数で変化することは同じであるが，変化の中心は $(V_m I_m/2)\cos \theta$ にあり，平均値は $P_a = (V_m I_m/2)\cos \theta$ となる．

この場合，インピーダンスでは $P_a = (V_m I_m/2)\cos \theta$ の電力を消費している．このように，平均電力 P_a は実質的に消費される電力を表すので，**有効電力**（real power, active power）と呼ばれる．有効電力の単位は1・3節の説明のとおり，W を用いる．直流で考える電力は有効電力である．有効電力の記号には，通常 P が用いられる．

式(9・4)を三角関数の加法定理でさらに変形すると

$$p(t) = \frac{V_m I_m}{2}\{\cos \theta + (\cos 2\omega t \cos \theta + \sin 2\omega t \sin \theta)\}$$
$$= V_e I_e \cos \theta (1 + \cos 2\omega t) + V_e I_e \sin \theta \sin 2\omega t \tag{9・5}$$

となる．式(9・5)で，第1項は有効電力分の時間変化を表しており，第2項は前節のリアクタンス素子で考えた，電源とやりとりしている電力を表している．有効電力は $V_e I_e \cos \theta$ であるのに対して，第2項分の振幅 $V_e I_e \sin \theta$ を**無効電力**（reactive power）と呼ぶ．無効電力の単位は，有効電力の W と異なり，**var**

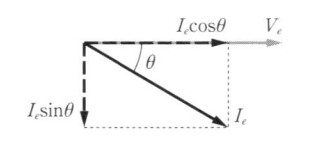

図9·8 電圧と電流のフェーザ図

（バール：volt-ampere reactive の略）である．無効電力の記号には，通常 Q が用いられる．

〔2〕皮相電力と力率

前項で，交流の場合の有効電力は，電圧と電流について，それぞれ実効値振幅で表したものの積をとり，さらに，両者の位相差の余弦を乗じる必要があることを示した．また，交流の場合にのみ考える，位相差の正弦を乗じる無効電力を説明した．一方，余弦や正弦を乗じない，単なる電圧と電流との実効値振幅の積 $V_e I_e$ を考える場合もある．これは**皮相電力**（apparent power）と呼ばれ，単位は **VA**（Volt-Ampere）である．皮相電力の記号には，通常 S が用いられる．

皮相電力に対する有効電力の比，すなわち電圧と電流の位相差の余弦を**力率**（power factor）と呼ぶ．力率は 0 から 1 の間の値をとる．

図 9·8 に，電圧と電流のフェーザ図を示す．電流を電圧と同相の成分と直交する成分とに分解して考える．有効電力の表記を $V_e(I_e \cos\theta)$ とみれば，有効電力は，電圧の大きさと電流の同相成分の大きさとの積とみることができる．同様に，無効電力は，電圧の大きさと電流の直交成分の大きさとの積とみることができる．電力伝送などでは，効率を改善するために，電源からみた負荷の力率を 1 に近づけること（力率改善）を行うが，これは，電流の直交成分を減らすことに対応する．

例題 9・3

式 (9·4) で，$V_m = 100$ V，$I_m = 5$ A，$\theta = \pi/6$ 〔rad〕とするとき，皮相電力，力率，有効電力，無効電力をそれぞれ求めよ．

■答え

皮相電力：$S = V_e I_e = (100/\sqrt{2})(5/\sqrt{2}) = 250 \text{ VA}$

力率：$\cos\theta = \cos(\pi/6) = \sqrt{3}/2 = 0.866$

有効電力：$P = V_e I_e \cos\theta = 250 \times 0.866 = 217 \text{ W}$

無効電力：$Q = V_e I_e \sin\theta = 250 \times 0.5 = 125 \text{ var}$

9・3 交流回路の消費電力の計算

具体的に回路が与えられた際に，消費電力を計算することを考える．これまでにみてきたように，回路素子が抵抗の場合にのみ電力は消費される（有効電力がある）．実効値を用いれば，抵抗で消費される有効電力は $P = V_e I_e$ であるが，抵抗ではオームの法則が成立するので

$$P = V_e I_e = (I_e R)I_e = I_e^2 R \tag{9・6}$$

となる．すなわち，回路解析を行って各抵抗に流れる電流を求め，式(9・6)で計算すれば各抵抗の消費電力が求まり，すべての抵抗に対して消費電力を合算すれば，回路全体の消費電力が求まる．なお，式(9・6)中の V_e, I_e は電圧や電流の（実効値の）大きさである．一般の回路計算では電圧や電流は複素数で得られるので，その（実効値の）大きさ（絶対値）を用いる必要がある．

図9・9を例にして，回路の消費電力を求めてみよう．図で，起電力 100 V は実効値とする．

R_1 の抵抗には電流 $\dot{I}$ が流れ，$\dot{I}$ が $\dot{I}_A$ と $\dot{I}_B$ とに分流し，R_2 の抵抗には $\dot{I}_B$ が流れる．$\dot{I}_A$ はキャパシタのみにしか流れないので，消費電力の計算には，$\dot{I}$ と $\dot{I}_B$

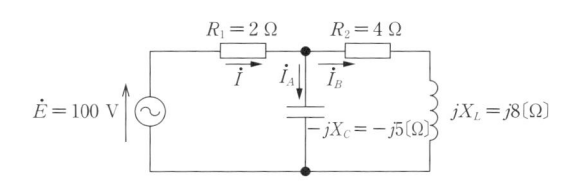

図9・9 消費電力を計算する回路

とを求めればよい．

$\dot{I}$ を求めるには，電源からみた合成インピーダンスを計算する．

$$\dot{Z} = R_1 + (-jX_C) /\!/ (R_2 + jX_L)$$
$$= 2 + \frac{-j5 \cdot (4+j8)}{-j5 + (4+j8)} = 2 + (4-j8) = 6 - j8 \tag{9・7}$$

よって

$$\dot{I} = \frac{\dot{E}}{\dot{Z}} = \frac{100}{6-j8} = 6 + j8 \tag{9・8}$$

となるので，R_1 で消費される電力 P_1 は

$$P_1 = |\dot{I}|^2 R_1 = (6^2 + 8^2) \cdot 2 = 200 \tag{9・9}$$

で，200 W と求まる．$\dot{I}_B$ は，分流の式で考えれば

$$\dot{I}_B = \dot{I} \frac{-jX_C}{-jX_C + (R_2 + jX_L)}$$
$$= (6+j8) \frac{-j5}{-j5 + (4+j8)} = 2.8 - j9.6 \tag{9・10}$$

となるので，R_2 で消費される電力 P_2 は

$$P_2 = |\dot{I}_B|^2 R_2 = (2.8^2 + 9.6^2) \cdot 4 = 400 \tag{9・11}$$

となり，400 W となる．回路全体で消費される電力 P は

$$P = P_1 + P_2 = 200 + 400 = 600 \tag{9・12}$$

で，合計 600 W である．

ところで，図 9・9 の電源からみた合成インピーダンスは，$\dot{Z} = 6 - j8$（式(9・7)）であるので，その偏角の余弦は

$$\cos\theta = \frac{6}{\sqrt{6^2 + 8^2}} = 0.6 \tag{9・13}$$

である．よって，合成インピーダンスを対象として，有効電力を求める式を使えば

$$V_e I_e \cos\theta = |\dot{E}||\dot{I}| \cos\theta = 100 \times |6+j8| \times 0.6 = 600 \tag{9・14}$$

となり，前の計算の P と一致する．よって，回路全体での消費電力の計算では，負荷の合成インピーダンスを計算して，有効電力の式に合わせるほうが容易である．

9・4 複素電力

これまで,電圧と電流の時間変化をもとに電力を考えてきた.ここでは,電圧と電流の複素数表記を用いた電力の扱いについて考える.電圧 $\dot{V}=V_e e^{j\omega t}$,電流 $\dot{I}=I_e e^{j(\omega t-\theta)}$ とする.両者の単純な積をとるのでなく,一方の複素共役をとったものを考える.上付添字の $*$ で複素共役を表せば,次式のように計算される[*12].

$$\begin{aligned}\dot{V}\dot{I}^* &= V_e e^{j\omega t} I_e e^{-j(\omega t-\theta)} \\ &= V_e I_e e^{j\theta} \\ &= V_e I_e \cos\theta + j V_e I_e \sin\theta\end{aligned} \quad (9\cdot15)$$

式(9・15)によると,電流の複素共役をとった積では,実数部に有効電力が,虚数部に無効電力が,それぞれ表されることがわかる.また

$$\begin{aligned}|\dot{V}\dot{I}^*| &= \sqrt{(V_e I_e \cos\theta)^2 + (V_e I_e \sin\theta)^2} \\ &= V_e I_e\end{aligned} \quad (9\cdot16)$$

であるので,大きさが皮相電力を表す.このように,複素数を用いても電力を表現でき,これらをまとめた $\dot{V}\dot{I}^*$ を**複素電力**(complex power)と呼ぶ.

式(9・15)では,電流の複素共役をとって調べたが,電圧の複素共役をとる方法もある.

$$\begin{aligned}\dot{V}^*\dot{I} &= V_e e^{-j\omega t} I_e e^{j(\omega t-\theta)} \\ &= V_e I_e e^{-j\theta} \\ &= V_e I_e \cos\theta - j V_e I_e \sin\theta\end{aligned} \quad (9\cdot17)$$

となるので,式(9・15)と比べて虚部の符号が変わっただけである[*13].これまで,無効電力の表式として,電圧と電流の位相差 θ の正弦を用いてきたが,位相差は,その定義によって符号が変わり,正弦の符号が変わり,無効電力の符号が変わる(有効電力は余弦に依存するので,位相差の正負には依存しない).本書では,電圧を基準として,電流の遅れ分を位相差として扱っており,電圧よりも電流が遅れる場合を正の無効電力としている.正負が反転する定義も可能であ

[*12] $a+jb$ の複素共役は $a-jb$.複素数 A,B の複素共役をそれぞれ A^*,B^* とすると,AB の複素共役は A^*B^* となる.一般に,複素数の表記で,すべての j を $-j$ で置き換えれば複素共役が求まる.

[*13] $\dot{V}\dot{I}^*$ の複素共役は $(\dot{V}\dot{I}^*)^* = \dot{V}^*(\dot{I}^*)^* = \dot{V}^*\dot{I}$ なので,当然式(9・15)の複素共役が得られる.

り，その定義に沿うなら，複素電力を式(9・17)に沿って定義したほうが扱いやすい．これらは，目的などに応じて使い分ける．

Column 電力とエネルギー

　電力は電圧と電流の積であるが，電圧は電荷を運ぶのに必要なエネルギー，電流は単位時間当たりの電荷（の変化）とみられるので，電力は単位時間当たりのエネルギーとみることができる．近年，省エネルギーの観点から節電が奨励されているが，電力とエネルギーを混同しないよう（1 章で説明した電力と電力量の違い），注意する必要がある．

　電力は単位時間当たりのエネルギーであるから，たとえ小さな電力で働く機器でも，使用時間が長いと多くのエネルギーを消費していることになる．家庭の機器で考えてみよう．電子レンジは比較的大きな電力を必要とする．計算を簡単にするために，1 kW の電子レンジを 1 分間使用するとする．消費されるエネルギーは，1 000 W×60 s＝60 000 J（ジュール：エネルギーの単位）である．一方，蛍光灯として，20 W のものを 1 時間使用するとする．消費されるエネルギーは 20 W×(60×60 s)＝72 000 J となり，電子レンジよりも多くなる．

　省エネルギー・節電という場合，大電力機器を意識しがちになるが，電力とエネルギーの違いを把握して，十分検討する必要がある．利便性の高い機器での待機電力（数 W 以下）が問題になるのも，待機電力は常時稼働と同じことだからである．

　一方で，2011 年に始まった電力不足の問題では，電力そのものを減らすことが必要であるとされた．電力を発生させる発電機は，最大発生電力が個々の機器によって決まっており，この値を超えて発電することはできない（無理に実行すると機器に不具合が生じる）．複数の負荷を同時に使用せず，時間をずらして使用することにより，発電機の最大発生電力の制限を回避することができる．この場合，時間をずらして結局機器を使用（すなわちエネルギーを使用）するので，その観点からは省エネルギーにはならない．

　電気エネルギーの場合，真に求められているものが何かを理解しないと，正しい対応とならない場合がある．

演習問題

1 図9·10の回路で，電源から供給される皮相電力 S，有効電力 P，無効電力 Q をそれぞれ求めよ．

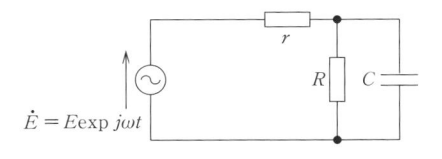

図9·10

2 図9·11の回路について，電源の角周波数を ω として，以下に答えよ．
（1） 電源から供給される有効電力 P と無効電力 Q を求めよ．
（2） $C=1/\omega^2 L$ と調整した場合の P と Q を求めよ．
（3） $C=1/\omega^2 L$ と調整した場合，インダクタとキャパシタで個々に消費される無効電力（それぞれ Q_L, Q_C とする）を求めよ．また，それらは抵抗で消費される有効電力の何倍か．

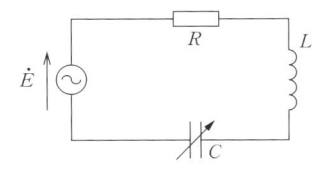

図9·11

3 図9·12はある負荷の等価回路であり，キャパシタンス C の値が可変となっている．力率を1とするためには，キャパシタンスはいくらであればよいか．ただし，使用する電源の角周波数を ω とする．

図 9・12

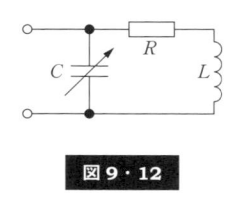

4 図 9・13 の回路で，キャパシタを接続・調整することにより，電源からみた力率を 1 に調整する．抵抗 r, R で消費される電力を，キャパシタを接続する前（それぞれ P_r, P_R）と後（それぞれ P_r', P_R'）とについて，それぞれ求めよ．

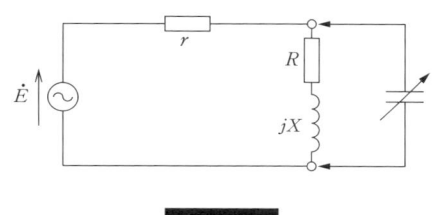

図 9・13

5 電圧源 $\dot{E}$ と抵抗 r とを用いて，図 9・14（a）のように表される電源機器がある．この電源機器に抵抗負荷 R を接続する（図（b））とき，負荷で消費する電力が最大となる条件を求めよ（11・5 節参照）．

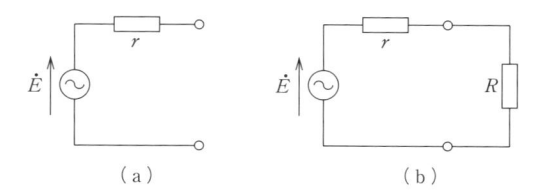

(a)　　　(b)

図 9・14

10章 回路網の諸定理（1）

これまでの章で抵抗，インダクタ，キャパシタにおける電圧と電流の基本的な関係式を学習した．簡単な回路はそれらの式の連立によって解析することができる．しかし，複雑な回路になると思いつくままに方程式を立てるだけではうまくいかないことがある．本章では回路網を解析するための基本テクニックについて学習する．

10·1 節点の電位と電位差

電位とは，ある点（通常は GND やアース）を基準とする電圧の絶対量である．一方，電位差とは，ある2点の電位の差である．"電圧"という表記はそれらを明確に区別しないので，そのつど適切に解釈する必要がある．

節点とは，回路中の電流の分岐点である．ただし，図 10·1 (a) のような回路では分岐点が複数あるものの，すべての点の電位が等しく，導線中の電流を一意に決められない．このような点を節点と呼ぶのは不適切である．回路を解析するうえでは図 10·1 (b) のように，導線で結ばれた同じ電位の範囲をまとめて"節点"と考えるほうが都合がよい．例えば図 10·2 の (a) と (b) は一見異なる回路に見えるが，図 (c) のように一つの電位に一つの節点を対応させて描くと，両者が同じ回路であることがわかる．また，一つの節点に対して一つの電位

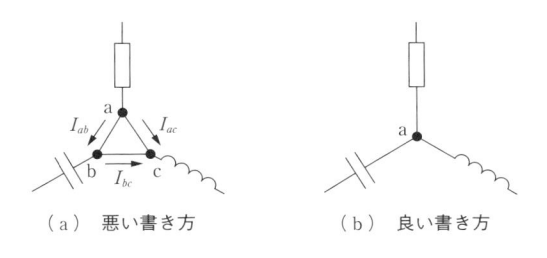

　　　　（a）悪い書き方　　　　　（b）良い書き方

図 10·1 節点の決め方

10章 回路網の諸定理（1）

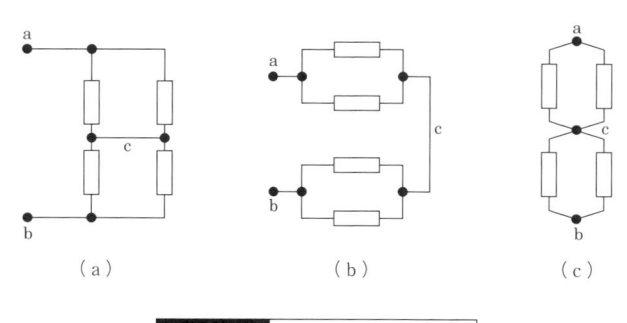

(a)　　　　　(b)　　　　　(c)

図 10・2　見かけが異なる回路

を，二つの節点間に対して一つの電位差を定義すると回路網を解析しやすくなる．

例題 10・1

図 10・3 の回路の節点は何個と考えるべきか．回路を整理し，節点を明示せよ．

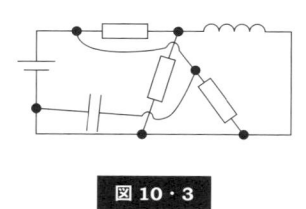

図 10・3

■答え

図 10・3 の回路を整理すると図 10・4 のようになる．よって節点は 3 個．

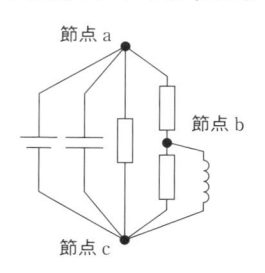

節点 a
節点 b
節点 c

図 10・4

10·2 キルヒホッフの法則

どのような複雑な回路網においても，一つの節点や一つの閉路に注目すると至って簡単な法則が成り立つ．回路を解析する際には以下の二つの法則を用いて整然と方程式を立てるとよい．

〔1〕電流則

ある節点に流入する電流の和と，そこから流出する電流の和は等しい．例えば図 10·5 の回路では $I_1 - I_2 - I_3 = 0$ である．このような法則を**キルヒホッフの電流則**と呼ぶ．

キルヒホッフの電流則は回路中の任意の節点に対して適用することができる．一般には，ある節点に流入/流出するすべての電流 $I_n (1 \leq n \leq N)$ について

$$\sum_{n=1}^{N} I_n = 0 \qquad (10 \cdot 1)$$

が成り立つ．方程式を立てる際には電流の向きに注意し，節点に流入するような向きの電流には正の符号を，流出するような向きの電流には負の符号を付け，合計を 0 とすればよい．

〔2〕電圧則

回路中を巡回する任意の経路を**閉路（ループ）**と呼ぶ．複雑な回路になると閉路のとり方がいく通りも存在するが，どの閉路についても経由した素子の電圧の和が 0 になるという簡単な法則が成り立つ．例えば図 10·6 の回路では $V_1 - V_2 - V_3 = 0$ である．このような法則を**キルヒホッフの電圧則**と呼ぶ．

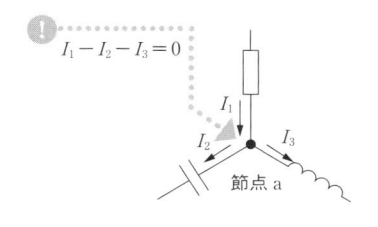

図 10·5 キルヒホッフの電流則

10章 回路網の諸定理（1）

$V_1 - V_2 - V_3 = 0$

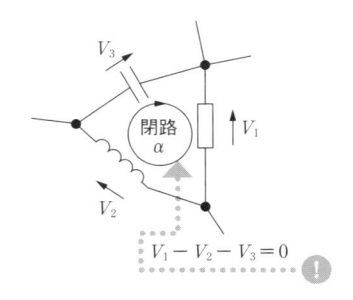

図 10・6 キルヒホッフの電圧則

一般には，ある閉路中の全素子の電圧 $V_n(1 \leq n \leq N)$ について

$$\sum_{n=1}^{N} V_n = 0 \tag{10・2}$$

が成り立つ．方程式を立てる際には電圧の矢印の向きに注意し，巡回する方向に対して逆向きの電圧には正の符号を，同じ向きの電圧には負の符号を付け，合計を 0 とすればよい．

例題 10・2

図 10・7 の回路の節点 a および b に対してキルヒホッフの電流則を，また閉路 α および β に対してキルヒホッフの電圧則を適用することにより，四つの方程式を立てよ．

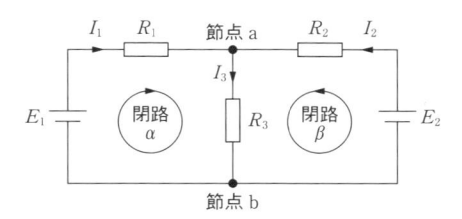

図 10・7 キルヒホッフ則の適用例

■答え

節点 a についてキルヒホッフの電流則より　$I_1 + I_2 - I_3 = 0$

節点 b についてキルヒホッフの電流則より　$-I_1 - I_2 + I_3 = 0$

閉路 α についてキルヒホッフの電圧則より　$I_1 R_1 + I_3 R_3 - E_1 = 0$

閉路 β についてキルヒホッフの電圧則より　$I_2 R_2 + I_3 R_3 - E_2 = 0$

10・3 網目電流法

　電流源が存在しない回路網に対しては，**網目電流法**（または**閉路電流法**）と呼ばれる，キルヒホッフの電流則を使わない解析方法を適用できる．網目電流法では各素子に流れる電流を変数とするのではなく，閉路を回る電流を変数として回路を解析する．例えば図 10・8 の回路では二つの閉路 1 および 2 に対して電流 I_1 および I_2 を考える．実際には中央の抵抗 R_3 に $I_1 + I_2$ の電流が流れているが，これを I_3 とおく必要はない（いちばん外周の閉路に対して電流 I_3 を定義してもよいが，その場合は三つの電流のうち一つが冗長になるので省略するとよい）．

　網目電流法では N 個の閉路をもつ回路に対して $N \times N$ のインピーダンスからなる行列 $\boldsymbol{Z}$ を求め

$$\begin{bmatrix} E_1 \\ E_2 \\ \vdots \\ \vdots \\ E_N \end{bmatrix} = \begin{bmatrix} Z_{11} & Z_{12} & \cdots & Z_{1N} \\ Z_{21} & Z_{22} & \cdots & Z_{2N} \\ \vdots & & & \vdots \\ \vdots & & & \vdots \\ Z_{N1} & Z_{N2} & \cdots & Z_{NN} \end{bmatrix} \begin{bmatrix} I_1 \\ I_2 \\ \vdots \\ \vdots \\ I_N \end{bmatrix} \quad (10 \cdot 3)$$

のような方程式を完成させる．この行列 $\boldsymbol{Z}$ を**閉路インピーダンス行列**，式

$$\begin{bmatrix} E_1 \\ E_2 \end{bmatrix} = \begin{bmatrix} R_1 + R_3 & R_3 \\ R_3 & R_2 + R_3 \end{bmatrix} \begin{bmatrix} I_1 \\ I_2 \end{bmatrix}$$

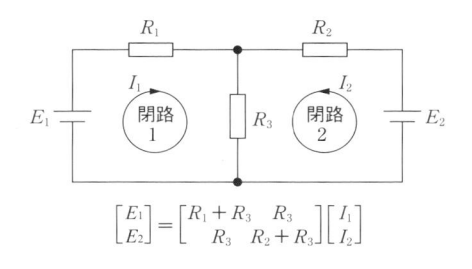

図 10・8　網目電流法

(10・3)を**網目方程式**（または**閉路方程式**）と呼ぶ．行列 $\boldsymbol{Z}$ の各要素の求め方は以下のようになる．

① 閉路 i に含まれる素子のインピーダンスをすべて加算し，要素 Z_{ii} とする．電圧源が含まれている場合は左辺の要素 E_i に含める．

図 10・8 の例では $Z_{11} = R_1 + R_3$，$Z_{22} = R_2 + R_3$ となる．①では閉路 i が他の閉路の電流から受ける影響を考慮していないが，次の②でそれを考慮することになる．

② 閉路 i と閉路 j が共有する素子のインピーダンスをすべて加算し，行列の要素 Z_{ij} とする．ただし，共有部分において閉路 i と閉路 j の向きが一致する場合は正の符号を，異なる場合は負の符号を付けるように注意する．

図 10・8 の例では $Z_{12} = Z_{21} = R_3$ となる．$Z_{ij} \cdot I_j$ は，電流 I_j が閉路 i 上に引き起こす起電力と考えることができる．以上の作業をすべての i, j の組合せについて行い，閉路インピーダンス行列 $\boldsymbol{Z}$ を完成させる．

電圧，電流およびインピーダンスの関係を行列で表現すると，後の解析が容易になる．例えば式(10・3)を逆行列を用いて書き直すと

$$\begin{bmatrix} I_1 \\ I_2 \\ \vdots \\ \vdots \\ I_N \end{bmatrix} = \begin{bmatrix} Z_{11} & Z_{12} & \cdots & Z_{1N} \\ Z_{21} & Z_{22} & \cdots & Z_{2N} \\ \vdots & & & \\ \vdots & & & \\ Z_{N1} & Z_{N2} & \cdots & Z_{NN} \end{bmatrix}^{-1} \begin{bmatrix} E_1 \\ E_2 \\ \vdots \\ \vdots \\ E_N \end{bmatrix} \quad (10 \cdot 4)$$

となる．すなわち電源電圧を決定すれば電流を簡単に求めることができる．以上のように機械的な作業によって回路網を解析できる点も，網目電流法の利点である．

例題 10・3

図 10・8 の網目方程式において逆行列を求めることにより，I_1 および I_2 を E_1 および E_2 を用いて表せ．

■答え

$$\begin{bmatrix} I_1 \\ I_2 \end{bmatrix} = \frac{1}{R_1 R_2 + R_1 R_3 + R_2 R_3} \begin{bmatrix} R_2 + R_3 & -R_3 \\ -R_3 & R_1 + R_3 \end{bmatrix} \begin{bmatrix} E_1 \\ E_2 \end{bmatrix}$$

10・4 節点電位法

電圧源が存在しない回路網に対しては，**節点電位法**と呼ばれる，キルヒホッフの電圧則を使わない解析方法を適用できる．節点電位法では各素子にかかる電位差を変数とするのではなく，各節点の電位を変数として回路を解析する．例えば図 10・9 の回路では二つの節点に対して電位 V_1 および V_2 を考える．中央の抵抗には $V_1 - V_2$ の電位差がかかっているが，これを V_{12} と置く必要はなく，二つの電位 V_1 および V_2 のみで解析を行う（電流源の負端子に対して電位 V_3 を定義してもよいが，その場合は三つの電位のうち一つが冗長になるので省略するとよい）．

節点電位法では N 個の節点をもつ回路に対して $N \times N$ のアドミタンスからなる行列 $\boldsymbol{Y}$ を求め

$$\begin{bmatrix} I_1 \\ I_2 \\ \vdots \\ I_N \end{bmatrix} = \begin{bmatrix} Y_{11} & Y_{12} & \cdots & Y_{1N} \\ Y_{21} & Y_{22} & \cdots & Y_{2N} \\ \vdots & & & \vdots \\ Y_{N1} & Y_{N2} & \cdots & Y_{NN} \end{bmatrix} \begin{bmatrix} V_1 \\ V_2 \\ \vdots \\ V_N \end{bmatrix} \quad (10 \cdot 5)$$

のような方程式を完成させる．この行列 $\boldsymbol{Y}$ を**節点アドミタンス行列**，式(10・5)を**節点方程式**と呼ぶ．行列 $\boldsymbol{Y}$ の各要素の求め方は以下のようになる．

① 節点 i に接続されている素子のアドミタンスをすべて加算し，合成アドミタンスを行列の要素 Y_{ii} とする．電流源が接続されている場合は左辺 I_i の要素とする．

$$\begin{bmatrix} I_1 \\ I_2 \end{bmatrix} = \begin{bmatrix} G_1 + G_3 & -G_3 \\ -G_3 & G_2 + G_3 \end{bmatrix} \begin{bmatrix} V_1 \\ V_2 \end{bmatrix}$$

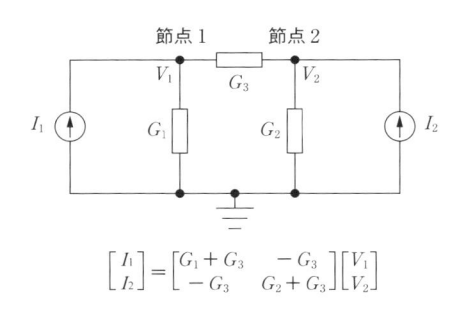

図 10・9 節点電位法

図10・9の例では $Y_{11} = G_1 + G_3$, $Y_{22} = G_2 + G_3$ となる．$Y_{ii}\cdot V_i$ は節点 i から外に向かって流れ出す電流と考えることができる．ただし，①では節点 i が他の節点の電圧から受ける影響を考慮していない．それは次の②で考慮することになる．

② 節点 i と節点 j の間に挟まれた素子のアドミタンスを求め，負の符号を付けて行列の要素 Y_{ij} とする．

図10・9の例では $Y_{12} = Y_{21} = -G_3$ となる．$Y_{ij}\cdot V_j$ は，電位 V_j が節点 i に向かって押し返す電流と考えることができる．以上の作業をすべての i, j の組合せについて行い，節点アドミタンス行列 $\boldsymbol{Y}$ を完成させる．

電圧，電流およびアドミタンスの関係を行列で表現すると，後の解析が容易になる．例えば式(10・5)を逆行列を用いて書き直すと

$$\begin{bmatrix} V_1 \\ V_2 \\ \vdots \\ \vdots \\ V_N \end{bmatrix} = \begin{bmatrix} Y_{11} & Y_{12} & \cdots & Y_{1N} \\ Y_{21} & Y_{22} & \cdots & Y_{2N} \\ \vdots & & & \vdots \\ \vdots & & & \vdots \\ Y_{N1} & Y_{N2} & \cdots & Y_{NN} \end{bmatrix}^{-1} \begin{bmatrix} I_1 \\ I_2 \\ \vdots \\ \vdots \\ I_N \end{bmatrix} \quad (10\cdot 6)$$

となる．すなわち電流源の値を決定すれば各節点の電位を簡単に求めることができる．

なお，式(10・4)および式(10・6)にはもう一つの重要な意味が含まれている．それは「一つの電源は他の電源とは独立に回路に作用し，かつすべての素子に対して線形に作用する」という事実である．これについては次章の"重ね合わせの理"の節でも述べる．

演習問題

1 図 10·10 の回路において網目方程式を立てよ．

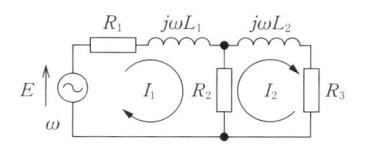

図 10·10

---

2 図 10·11 の回路において網目電流法を用い，I_α および I_β を求めよ．

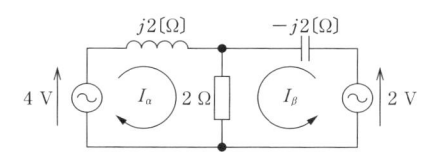

図 10·11

---

3 図 10·12 の回路において節点方程式を立てよ．

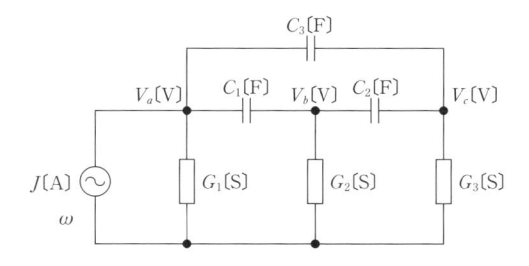

図 10·12

11章 回路網の諸定理（2）

本章では，複雑な回路を簡単な回路に分解したり，それと等価な特性をもつ回路に変形するテクニックを紹介する．これを利用することによって線形回路の特性が見えてくる．一般に線形回路はどんなに複雑な回路であっても，さまざまな部位の電位と電流の間に単純な線形の関係が成り立つ．線形回路の電圧，電流および電力に関する基本的な特性を理解しよう．

11・1 重ね合わせの理

例えば図 11・1 の回路に 1 V の電圧源を接続すると 1 A が流れ，2 V の電圧源を接続すると 2 A が流れるとする．この二つの状態を重ね合わせることにより 3 V の電圧源を接続した状態を予想できるだろうか．式の上では

$$1 = Z \cdot 1$$
$$2 = Z \cdot 2$$

を重ね合わせると

$$3 = Z \cdot 3$$

になるから，回路上でも図 11・1 の（a）と（b）を重ね合わせると図（c）のようになることが容易に想像できる．これを**重ね合わせの理**と呼ぶ．

ただし，図 11・1 ではインピーダンスを足し合わせないように注意する．重ね

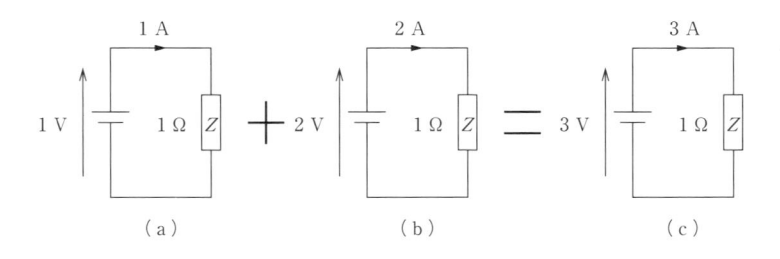

図 11・1 二つの状態の重ね合わせ

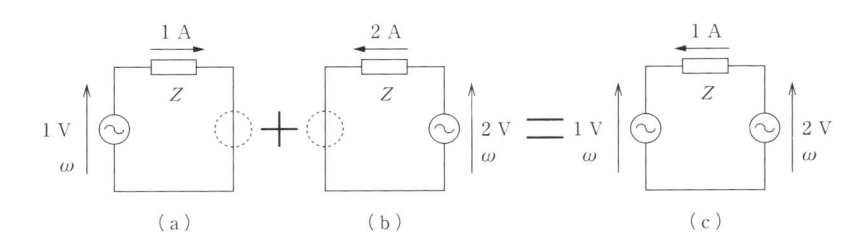

図11・2 電圧源と導線の重ね合わせ

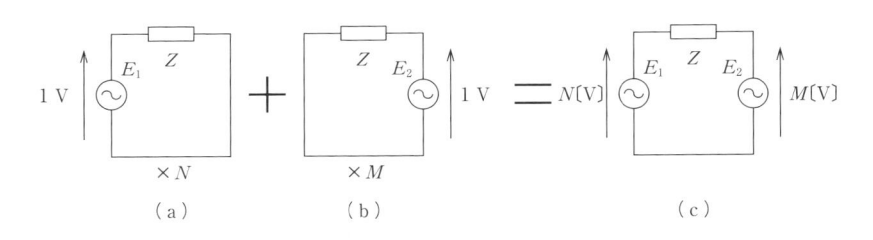

図11・3 重ね合わせの理の適用例2

合わせの理は二つの異なる回路を結合するための定理ではない．あくまでも同一の回路における二つの状態を重ね合わせるために利用する．

一方，図11・2の (a) と (b) は一見異なる回路に思えるが，導線を０Ｖの電圧源と考えると，両者の構成は同じである．これらを重ね合わせることにより，図 (c) の状態が生成できる．ただし，交流の場合は周波数が異なる電源は別の電源として扱うことに注意する．それらは混在してもかまわないが，二つの実効値を加算してはいけない．

図11・3の例では，(a) を N 回足し合わせ，(b) を M 回足し合わせることにより，$E_1 = N$〔V〕，$E_2 = M$〔V〕の状態が生成できるから，結局，任意の電圧 E_1，E_2 について図 (c) の状態を生成できることになる．このような性質は線形素子で構成された回路の特徴といえる．

重ね合わせの理を用いれば，回路の分解も可能である．例えば図11・2 (c) のように二つの電源をもつ回路を，同図 (a) および (b) のように一つの電源しかもたない二つの回路に分離することができる．図 (c) の回路の電流を求めたければ，図 (a)，(b) それぞれの回路において独立に電流を求めた後，重ね合

11 章 ■ 回路網の諸定理（2）

わせの理を用いて合成すればよい．

例題 11・1

図 11・4 の回路において中央の抵抗を流れる電流 I を求めたい．
① まず重ね合わせの理を用いて "電源が一つの回路" ×2 個に分解し，それぞれについて抵抗を流れる電流を求めよ．
② その後，二つの電流を合わせることにより，電流 I を求めよ．

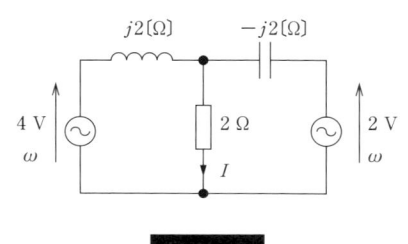

図 11・4

■答え

図 11・5 のように二つの回路に分ける．図（a）の回路では $I_1 = -j2$〔A〕，図（b）の回路では $I_2 = j$〔A〕である．よって両者を重ね合わせると $I = -j$〔A〕となる．

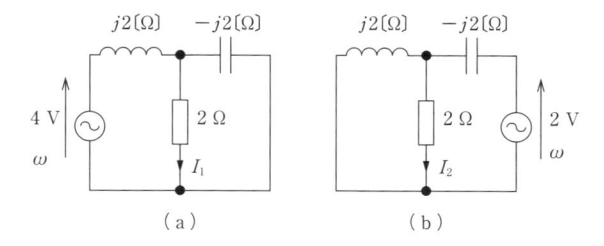

図 11・5

三つ以上の電源をもつ回路についても，前述の考え方で回路の状態を解析することができる．図 11・6 のように N 個の電源をもつ回路は N 個の回路に分離することができる．それぞれの回路において独立に電流や電圧を求め，最後に重ね

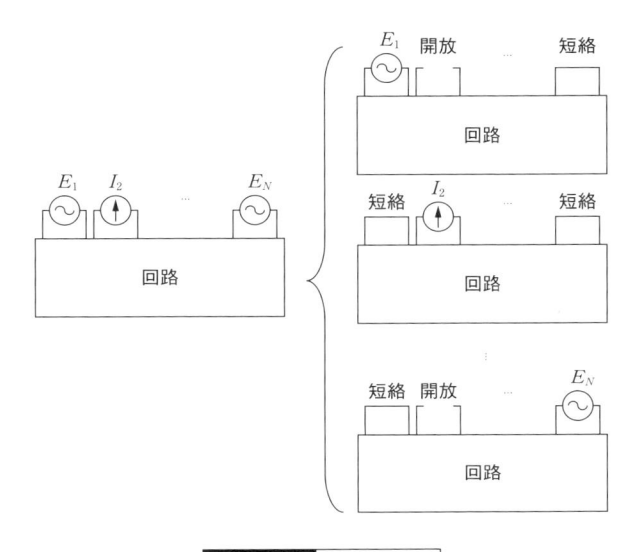

図 11・6 電源の分解

合わせの理を用いて合成すればよい．

　ただし，ここで注意すべきことは，省略する $(N-1)$ 個の電源について，それが電圧源なら短絡し，電流源なら開放することである．単に $(N-1)$ 個の電源を削除してはいけない．

　以上の考え方は，抵抗，インダクタ，キャパシタなどの線形素子で構成された回路において可能である．

11・2　開放電圧と短絡電流

　内部に電源をもつある回路から図 11・7 のように 1 組の出力端子が見えているとする．何も接続されていない状態の端子に現れる電圧を**開放電圧**と呼ぶ．もしこの端子に図 11・8 のように何らかの受動素子を接続すると，端子から流れ出す電流 I および端子間電圧 E はどのように変化するだろうか．

　図 11・9 のように，一般に電源を含む回路中の任意の 2 端子から電流を取り出すと，回路内のインピーダンスの影響により，端子間電圧が降下すると考えてよい．線形素子で構成された回路であれば，図 11・10 のように取り出す電流に比

11章 回路網の諸定理（2）

図11・7 開放電圧

図11・8 負荷接続

図11・9 短絡電流

図11・10 電源回路の出力特性

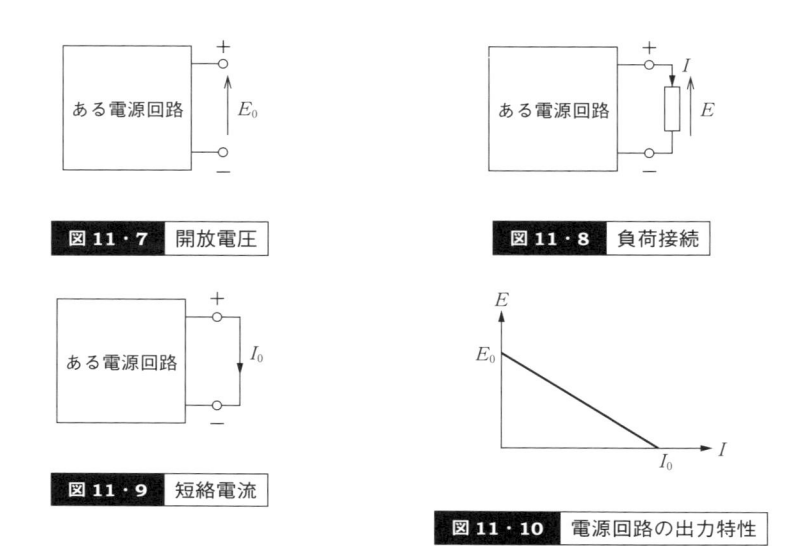

例して電圧が降下する．図11・9のように端子間を短絡した場合には電圧が0となり，I_0の電流が流れる．これを**短絡電流**と呼ぶ．

図11・10のグラフの降下率（$-\Delta E/\Delta I$）は**内部インピーダンス**と呼ばれる．内部インピーダンスZ_0は回路図から計算することもできるが，開放電圧E_0と短絡電流I_0がわかるならば，単に

$$Z_0 = \frac{E_0}{I_0} \tag{11・1}$$

と求めてもよい．

例題 11・2

図11・11の回路の出力特性を，横軸をI，縦軸をEとして描け．また，グラフの傾きより，内部インピーダンスZ_0を求めよ．

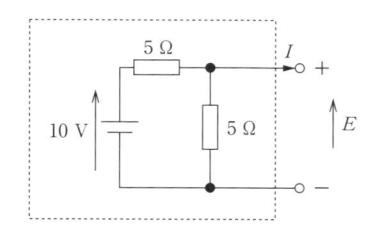

図11・11

■答え

開放電圧が $E_0 = 5$ V，短絡電流が $I_0 = 2$ A，よって出力特性は図 11・12 のようになる．また，グラフの傾きより，$Z_0 = 2.5\,\Omega$ がわかる．

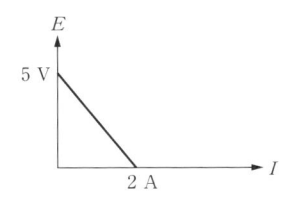

図 11・12 図 11・11 の回路の出力特性

11・3 鳳・テブナンの定理

前節で述べたように，電源と線形素子で構成された回路における任意の 2 端子の出力特性は，内部の構成によらず，必ず図 11・10 のような線形の特性になる．つまり，どのような回路でも二つのパラメータ（例えば E_0 と I_0）を用いてその出力特性を記述できる．回路を利用する立場からすれば，この特性が重要であり，内部の構成は何でもよい．そこで，図 11・10 の特性を満たす最も簡単な等価回路を構成すると図 11・13 のようになる．これを **鳳・テブナンの定理** と呼ぶ．等価回路の E_0 は元の回路の開放電圧に等しく，Z_0 は元の回路の内部インピーダンスに等しい．

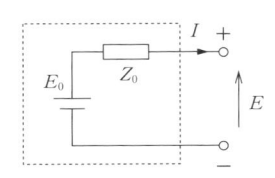

図 11・13 鳳・テブナンの等価回路

例題 11・3

鳳・テブナンの定理を用いて図 11・12 の特性をもつ等価回路を描け．

■答え

開放電圧が $E_0 = 5\,\mathrm{V}$，内部インピーダンスが $Z_0 = 2.5\,\Omega$ なので，図 11・14 のような回路になる．

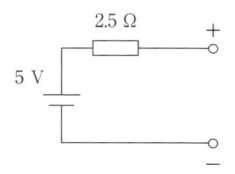

図 11・14 図 11・11 の等価回路

11・4 ノートンの定理

図 11・10 の特性を満たす最も簡単な等価回路を電流源 I_0 および内部インピーダンス Z_0 を用いて構成すると**図 11・15** のようになる．これを**ノートンの定理**と呼ぶ．等価回路の I_0 は元の回路の短絡電流に等しく，Z_0 は元の回路の内部インピーダンスに等しい．図 11・13 と図 11・15 は，どちらも図 11・10 の特性をもち，本質的に同じである．

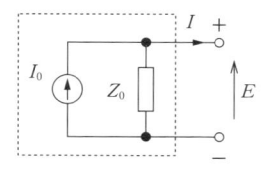

図 11・15 ノートンの等価回路

例題 11・4

ノートンの定理を用いて図 11・12 の特性をもつ等価回路を描け．

■答え

短絡電流が $I_0 = 2\,\text{A}$，内部インピーダンスが $Z_0 = 2.5\,\Omega$ なので，図 11・16 のような回路になる．

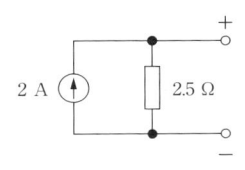

図 11・16

11・5 整　　合

ある電源回路の出力端子から最大の電力を取り出すためには，接続する負荷のインピーダンス Z をいくらにすべきかを考える．図 11・17 のように $E_0\,[\text{V}]$ の理想的な電圧源に可変抵抗 R を接続するだけなら，R を限りなく小さくすることにより無限大の電力 $P = E_0^2/R$ を取り出せることになる．しかし一般には図 11・10 のように電流 I を取り出すほど電圧 E が降下するため，その特性に応じて電力が最大となる点を探さなければならない．

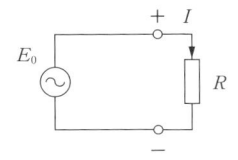

図 11・17 理想的な電源への負荷接続

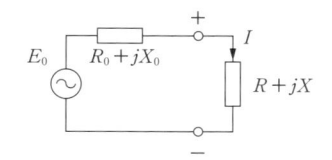

図11・18 一般的な電源回路への負荷接続

図11・18のように内部インピーダンス $Z_0 = R_0 + jX_0$ の電源回路に負荷インピーダンス $Z = R + jX$ が接続されている場合を考える．このとき R で消費される電力は

$$P = |E_0|^2 \frac{R}{(R_0+R)^2 + (X_0+X)^2} \tag{11・2}$$

と表される．ここで R および X が調整可能であると仮定し，式(11・2)を R で偏微分，および X で偏微分すると

$$\left. \begin{array}{l} \dfrac{\partial P}{\partial R} = |E_0|^2 \dfrac{R_0^2 - R^2 + (X_0+X)^2}{\{(R_0+R)^2 + (X_0+X)^2\}^2} \\[2mm] \dfrac{\partial P}{\partial X} = |E_0|^2 \dfrac{-2R(X_0+X)}{\{(R_0+R)^2 + (X_0+X)^2\}^2} \end{array} \right\} \tag{11・3}$$

となる．これらの右辺=0とおくことにより

$$\left. \begin{array}{l} R = R_0 \\ X = -X_0 \end{array} \right\} \tag{11・4}$$

が得られる．すなわち，負荷のインピーダンスを内部インピーダンスの共役複素数とすれば最大の電力が得られることがわかる．これを**整合**と呼ぶ．

実際には負荷の R と X を独立に調整できるとは限らないので，何を変数とするかは場合によって異なる．例えば負荷にリアクタンス分がなく，単なる可変抵抗 R の場合を考える．この場合は式(11・2)で $X=0$ とおいて R で微分すると

$$\frac{dP}{dR} = |E_0|^2 \frac{R_0^2 - R^2 + X_0^2}{\{(R_0+R)^2 + X_0^2\}^2} \tag{11・5}$$

となる．右辺=0とおくことにより

$$R = \sqrt{R_0^2 + X_0^2} \tag{11・6}$$

が得られる．すなわち R を内部インピーダンスの絶対値 $|Z_0|$ と等しくすれば最

大の電力が得られることがわかる．

Column｜内部インピーダンスの求め方

　回路図から内部インピーダンス Z_0 を求める方法について説明する．よく誤解されるが，内部インピーダンスとは内部の電源から見たインピーダンスではない．例えば図の例では，R_1 と R_2 の直列接続が Z_0 と考えてはいけない．内部インピーダンスとは外部に現れた二つの端子から内部を覗いた場合に見えるインピーダンスのことである．そこで，図 (b) のように書き直す．こうすれば R_1 と R_2 が並列接続であることがわかるだろう．続いて，電源は関係ないので取り除く．もしそれが電圧源なら図 (c) のように短絡し，それが電流源なら開放する．電圧源を 0Ω と考えることに違和感があるかもしれないが，理想的には電圧源の抵抗は 0Ω であるということを，ぜひ理解しておくこと．ここまで変形すればあとは簡単で，合成抵抗を求める要領で

$$Z_0 = \frac{R_1 R_2}{R_1 + R_2} + R_3$$

が得られる．

　以上の方法は 11 章で述べた開放電圧 E_0 と短絡電流 I_0 を用いて $Z_0 = E_0/I_0$ を求める方法とは異なる．どちらの方法が簡単か，また同じ結果が得られるか試してみられたい．

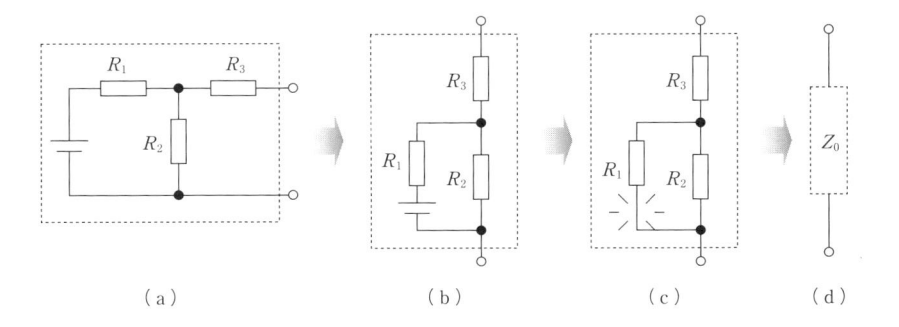

内部インピーダンスの考え方

演習問題

1 図 11·19 の回路において重ね合わせの理を用いて電流 I を求めよ．

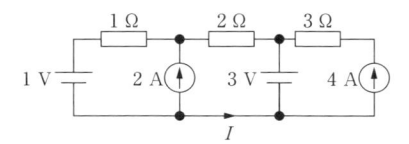

図 11·19

2 図 11·20 の回路を鳳・テブナンの等価回路に書き直せ．

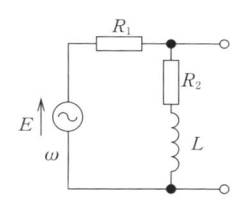

図 11·20

3 図 11·21 の回路をノートンの等価回路に書き直せ．

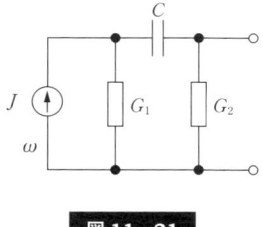

図 11·21

4 図 11·22 の回路の開放電圧 E_0 および内部インピーダンス Z_0 を計算し，鳳・テブナンの等価回路に書き直せ．

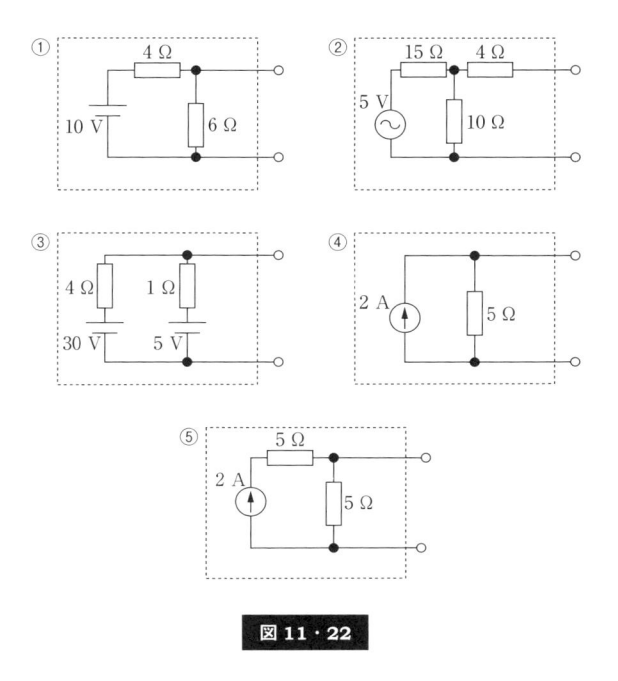

① 回路図：4 Ω, 6 Ω, 10 V

② 回路図：15 Ω, 4 Ω, 10 Ω, 5 V

③ 回路図：4 Ω, 1 Ω, 30 V, 5 V

④ 回路図：2 A, 5 Ω

⑤ 回路図：5 Ω, 2 A, 5 Ω

図 11・22

---

5 図 11・23 の回路の短絡電流 I_0 および内部インピーダンス Z_0 を計算し，ノートンの等価回路に書き直せ．

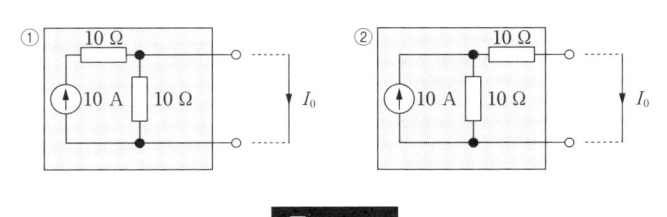

① 回路図：10 Ω, 10 A, 10 Ω, I_0

② 回路図：10 Ω, 10 A, 10 Ω, I_0

図 11・23

---

6 図 11・24 の回路の出力端子 ab に 2 Ω の抵抗を接続したときに流れる電流 I を，次の手順に従って求めよ．

（1） 鳳・テブナンの定理を用いて図 11・24 と同じ出力特性をもつ等価回路を描け．

（2） （1）の等価回路に 2 Ω の抵抗を接続したときに流れる電流 I を求めよ．

11 章 ■ 回路網の諸定理（2）

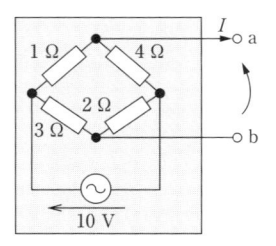

図 11・24

1Ω, 4Ω, 2Ω, 3Ω, 10 V

7 式(11・2)を R で偏微分，および X で偏微分することにより，式(11・4)を導出せよ．

12章 電磁誘導結合回路（1）

コイルに電流が流れるとその周辺に磁束が発生する．磁束が変化するとその周辺のコイルに電圧（誘導起電力）が発生する．したがって，複数のコイルが隣接している状況では，それらの間が直接導線で接続されていなくても，磁束を介してお互いに影響を及ぼし合うことになる．このような相互作用が働く回路を電磁誘導結合回路と呼ぶ．磁束に関する詳細な説明は電磁気学に譲ることにして，本章では電気回路の解析に必要な基本的性質について学習する．

12・1 相互インダクタンス

図 12・1 (a) のように複数のコイルが離れている場合，それぞれのコイルは独立に働くから，L_i に発生する電圧は 7 章で述べたとおり $j\omega L_i I_i$ である．これを**自己誘導起電力**と呼ぶ．しかし図 (b) のようにコイルが接近している場合は，自己誘導起電力に加えて，他のコイルの電流 I_j ($j \neq i$) に比例した誘導起電力 $j\omega M_{ij} I_j$ が発生する．M_{ij} は二つのコイル L_i と L_j の相対位置関係から決まる定

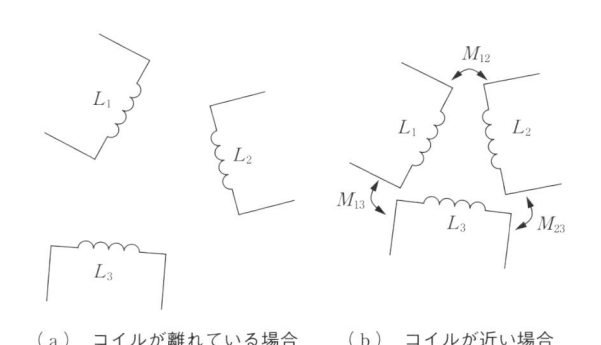

（a）コイルが離れている場合　　（b）コイルが近い場合

図 12・1 相互インダクタンス

数であり，**相互インダクタンス**と呼ばれる．二つのコイルの間の相互インダクタンスは L_i 側から見ても L_j 側から見ても同じ値であり，$M_{ij}=M_{ji}$ となる．

M_{ij} はコイルの巻き方や方向しだいで正にも負にもなりうる．ただし，その値域については

$$M_{ij}^2 \leq L_i L_j \tag{12・1}$$

の関係がある．

12・2 電磁誘導結合回路の基礎式

電磁誘導結合回路の最も簡単な例として，図 12・2 (a) のように二つのコイルからなる 4 端子の回路を考える．一般に電源が接続される L_1 を一次側，L_2 を二次側という．七つの変数 L_1, L_2, M, V_1, V_2, I_1, I_2 の間には

$$\left. \begin{array}{l} V_1 = j\omega L_1 I_1 + j\omega M I_2 \\ V_2 = j\omega M I_1 + j\omega L_2 I_2 \end{array} \right\} \tag{12・2}$$

の関係がある．上の式は複雑に見えるが，通常のインダクタの式(7・9)に，相手側の電流による誘導起電力 $j\omega M I_2$ および $j\omega M I_1$ の項を追加しただけである．

または，図 12・2 (b) のように電流の向きを右方向に統一した図を使うと

$$\left. \begin{array}{l} V_1 = j\omega L_1 I_1 - j\omega M I_2 \\ V_2 = j\omega M I_1 - j\omega L_2 I_2 \end{array} \right\} \tag{12・3}$$

と表すこともできる．この場合は I_2 の項に対する符号が負になる．式(12・3)はしばしば利用されるので，図 12・2 (b) と合わせて覚えておくとよい．

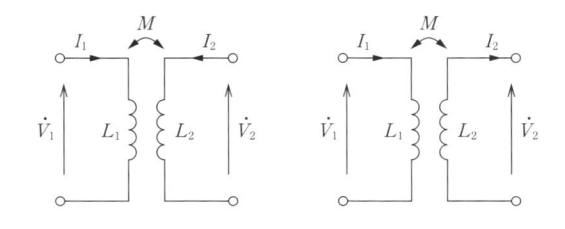

（a） 電流を内向きに書く例　　（b） 電流を右向きに書く例

図 12・2 電磁誘導結合回路

12・3 接続例

いくつかの代表的な接続例について特性を理解しよう．

〔1〕二次側開放

図12・3のように二次側を開放した場合，$I_2 = 0$であるから，式(12・3)は

$$V_1 = j\omega L_1 I_1 \atop V_2 = j\omega M I_1 \qquad (12・4)$$

となる．すなわち，一次側からはL_1〔H〕の一つのインダクタに見える．二次側に電流は流れないが，その開放電圧は0Vではなく，一次側の電流による誘導起電力$j\omega M I_1$が発生する．

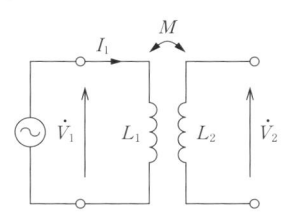

図12・3 二次側開放

例題 12・1

図12・4の回路において一次側に流れる電流I_1および二次側に現れる開放電圧V_2を求めよ．

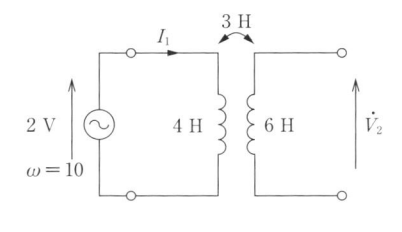

図12・4

■答え

式(12・4)を利用すると$I_1 = -j0.05$〔A〕，$V_2 = 1.5$ Vが得られる．

〔2〕二次側短絡

図 12・5 のように二次側を短絡した場合,$V_2=0$ であるから,式(12・3)は

$$\left.\begin{array}{l} V_1 = j\omega L_1 I_1 - j\omega M I_2 \\ 0 = j\omega M I_1 - j\omega L_2 I_2 \end{array}\right\} \quad (12\cdot5)$$

となる.これらを変形すると

$$\left.\begin{array}{l} V_1 = j\omega\left(L_1 - \dfrac{M^2}{L_2}\right)I_1 \\ I_2 = \dfrac{M}{L_2}I_1 \end{array}\right\} \quad (12\cdot6)$$

となる.すなわち,一次側からは $L_1 - M^2/L_2$ 〔H〕の一つのインダクタに見える.また,二次側の電流は一次側の電流の M/L_2 倍になる.

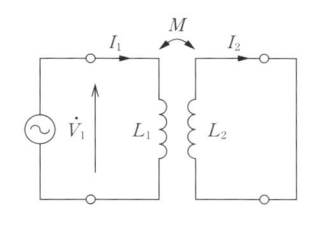

図 12・5 二次側短絡

例題 12・2

図 12・6 の回路において二次側に流れる電流 I_2 を求めよ.

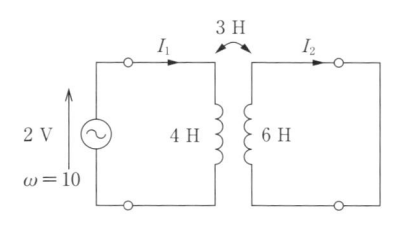

図 12・6

■答え

式(12・6)を利用すると $I_2 = -j0.04$ 〔A〕 が得られる.

12・4 等価回路

図 12・7（a）のように一次側の端子と二次側の端子が接続されている場合（または，接続されていなくても等電位とみなせる場合）は，式(12・3)を使わずに等価回路に置き換えるほうが解析しやすいことがある．図（a）の電磁誘導結合回路は，図（b）のような三つの独立したインダクタからなる等価回路に置き換えることができる．等価回路では「一次側と二次側で相互インダクタンス M を共有し，それを L_1 および L_2 から分離する」と考えると直感的にも理解しやすい．

ただし，それぞれのインダクタンスは負になることがあるので，等価回路が実在するとは限らない．その場合は電圧や電流を計算するための仮想的な回路と考える．

（a）負端子が等電位の電磁誘導結合回路　　（b）三つの独立したインダクタ

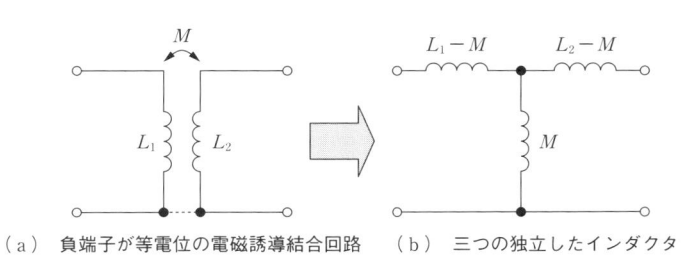

図 12・7　等価回路への置換

例題 12・3

図 12・8 の回路において二次側の負荷に流れる電流 I_2 を求めよ．

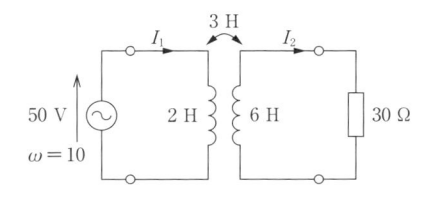

図 12・8

■答え

図 12·9 の等価回路を利用すると $I_2 = 2-j$ 〔A〕が得られる（基本関係式 (12·3) を用いても簡単に求められる）．

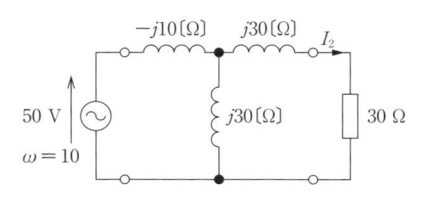

図 12·9 図 12·8 の等価回路

演習問題

1 図 12·10 の電磁誘導結合回路を等価回路に変形し，一次側から見たインピーダンスを求めよ．

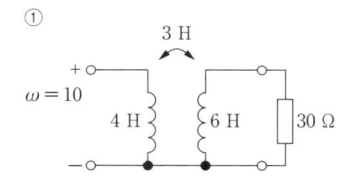

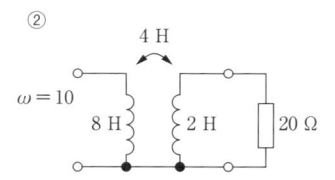

① $\omega=10$, 3 H, 4 H, 6 H, 30 Ω

② $\omega=10$, 4 H, 8 H, 2 H, 20 Ω

図 12·10

演習問題

2 図 12·11 の回路において，電流 I を求めよ．

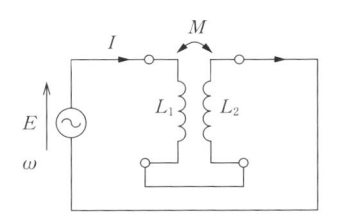

図 12·11

3 図 12·12 の回路について網目方程式を立てよ．

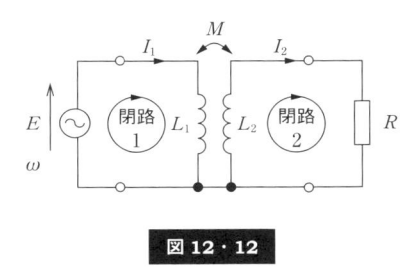

図 12·12

4 図 12·13 の回路において R の値にかかわらず電流 I_2 が電圧 E と同位相になるためには，L_1, L_2, M の間にどのような条件が必要か．

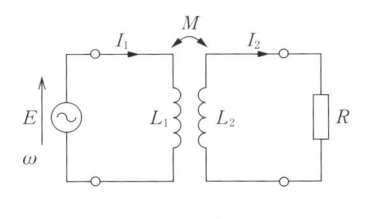

図 12·13

5 図 12·14 の回路において，端子 a–b 間に現れる電圧 V_4 はいくらか．

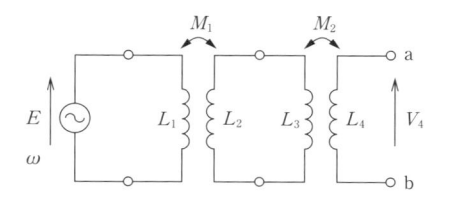

図 12・14

13章 電磁誘導結合回路（2）

前章では接近した二つのコイルの性質について述べたが，本章では完全に密着したコイル，いわゆる変圧器の性質について述べる．変圧器は家電製品の AC アダプタの中や電柱の上に見られるように，われわれの身近な所に数多く存在する．変圧器の原理を理解することは重要である．

13・1 密 結 合

図 13・1 のようにコイル 1 とコイル 2 が同じ鉄心に巻かれている場合など，磁束を漏れなく共有している状態を**密結合**と呼ぶ．密結合の状態にある電磁誘導結合回路は，特別な性質を持つ．三つの値 L_1, L_2, M の比率は，一次側の巻き数 N_1 と二次側の巻き数 N_2 の比率 $n = N_2/N_1$ で決まり

$$L_1 : M : L_2 = 1 : n : n^2 \tag{13・1}$$

となる．またこのとき

$$M^2 = L_1 L_2 \tag{13・2}$$

が成立する．

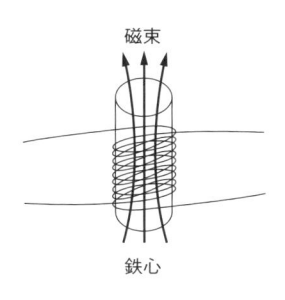

図 13・1　密結合

13・2 変圧器結合回路

密結合の状態にある電磁誘導結合回路は前述の式(13・1)の性質をもつから，これを式(12・3)に代入すると，

$$V_1 = j\omega L_1(I_1 - nI_2)$$
$$V_2 = j\omega nL_1(I_1 - nI_2)$$
(13・3)

が得られる．また，これらの式から

$$V_2 = nV_1 \qquad (13・4)$$

が導かれる．すなわち電流に関係なく二次側の電圧が一次側の電圧の n 倍になることがわかる．このような回路を**変圧器結合回路**と呼び，図 13・2 のような記号で表す．変圧器結合回路では，一次側と二次側の電圧比が単純にコイルの巻数比 $N_1:N_2$ となる．またインダクタンスの比率 $L_1:L_2$ が $1:n^2$ となる．

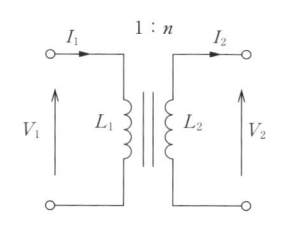

図 13・2 変圧器結合回路

例題 13・1

図 13・3 の変圧器結合回路において，二次側に現れる開放電圧 V_2 を求めよ．

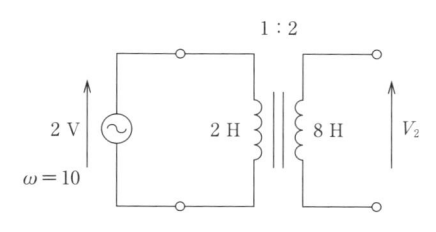

図 13・3

■答え

4 V

13・3 負荷接続と等価回路

二次側に負荷 Z_2 を接続する場合を考える．回路を図 13・4（a）に示す．このとき

$$V_2 = Z_2 I_2 \tag{13・5}$$

であるから，これを式(13・3)に代入して整理すると

$$V_1 = \left(\frac{1}{j\omega L_1} + \frac{n^2}{Z_2}\right)^{-1} I_1 \tag{13・6}$$

となる．上の式からわかるように，一次側からは L_1〔H〕のインダクタと Z_2/n^2〔Ω〕の負荷が並列接続されているように見える．したがって，等価回路に書き直すと図 13・4（b）のようになる．

ただし，二次側で実際に負荷 Z_2 にかかる電圧は V_1 ではなく，その n 倍の V_2 であることに注意する．二次側も含めた等価回路については後述する．

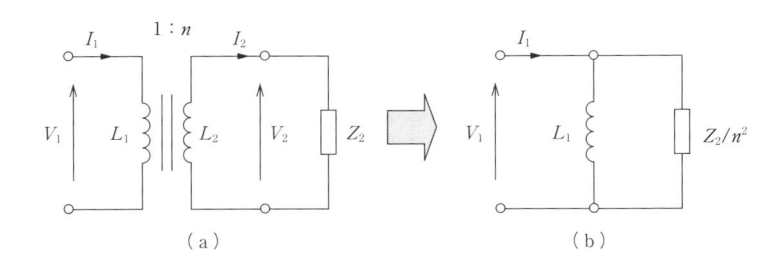

図 13・4　変圧器結合回路の一次側から見た等価回路

例題 13・2

図 13・5 の回路において一次側の電流 I_1 を求めよ.

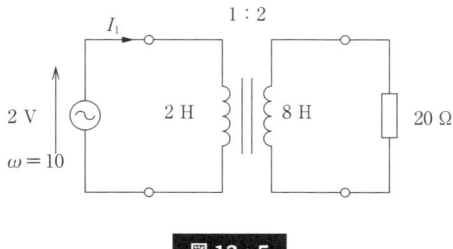

図 13・5

■**答え**

一次側から見た等価回路に書き直すと図 13・6 のようになる. よって $I_1 = 0.4 - j0.1$ 〔A〕.

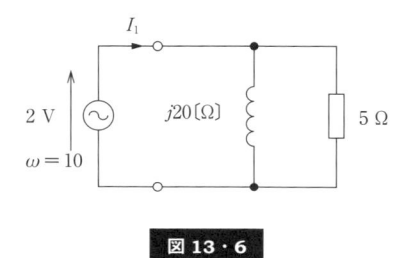

図 13・6

13・4 理想変圧器

変圧器結合回路においてコイルの巻き数が十分に大きく (L_1, L_2 が十分に大きく), 負荷に比べて $j\omega L_1 \gg Z_2$ とみなせる場合, 式(13・6)の L_1 は無視でき

$$V_1 = \frac{Z_2}{n^2} I_1 \tag{13・7}$$

となる. すなわち一次側からは図 13・8 (b) のように Z_2/n^2 〔Ω〕の負荷のみが接続されているように見える. この回路にインダクタの性質は現れず, 純粋なインピーダンス変換が行われる. このような特性を持つ回路を**理想変圧器**と呼び, 図 13・7 のような記号で表す. 理想変圧器ではインダクタンスを記述する必

13・4 理想変圧器

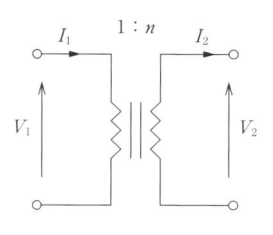

図13・7 理想変圧器

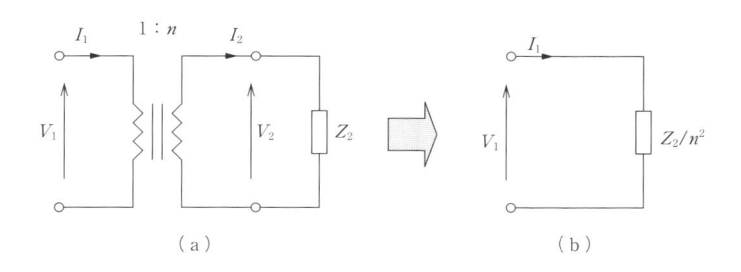

図13・8 理想変圧器の一次側から見た等価回路

要がない．

さらに二次側の特性を見よう．二次側では負荷 Z_2 にかかる電圧は V_1 ではなく，その n 倍の V_2 であることに注意する．そして，式(13・4)，(13・5)および式(13・7)を整理すると

$$I_2 = \frac{1}{n} I_1 \tag{13・8}$$

という重要な関係が導かれる．すなわち二次側の電流 I_2 は，一次側の電流 I_1 の $1/n$ 倍である．このように理想変圧器とは，電圧を n 倍，電流を $1/n$ 倍する変換器と考えればよい（**図13・8**）．

次に理想変圧器の電力について考える．式(13・4)と式(13・8)より明らかに

$$V_1 I_1 = V_2 I_2 \tag{13・9}$$

が得られる．これは理想変圧器の一次側に入る電力と二次側から出る電力が等しいことを意味する．すなわち電力は理想変圧器を素通りし，蓄積，消費されることはない．

13・5 変圧器結合回路と理想変圧器の関係

図 13・4（b）と図 13・8（b）の比較からわかるように，変圧器結合回路はインダクタと理想変圧器との並列接続で表現できる．例えば**図 13・9**（a）の変圧器結合回路は図（b）の等価回路に置き換えることができる．また一次側と二次側を入れ換えても同様の計算が成り立つから，図（c）の等価回路に置き換えてもよい．この表現を使うと変圧器結合回路をインダクタと純粋なインピーダンス変換器に分けて考えることができるので，回路の性質を理解するうえで有用である．

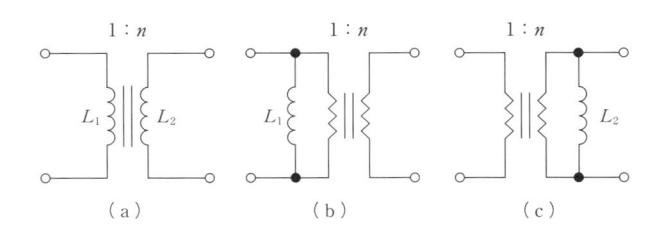

図 13・9 変圧器結合回路と理想変圧器の関係

例題 13・3

図 13・10 の変圧器結合回路を，単独のインダクタと理想変圧器からなる等価回路に書き直せ．

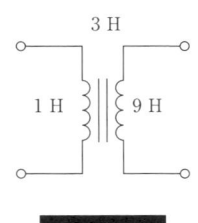

図 13・10

■答え

図 13・11（a）または（b）のようになる．

13・5 変圧器結合回路と理想変圧器の関係

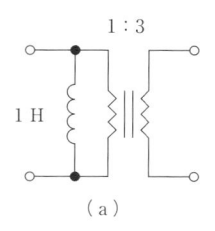

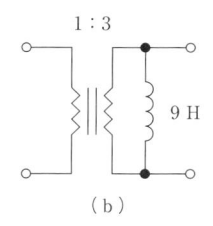

(a)　1:3　1H

(b)　1:3　9H

図13・11

Column　変圧器と変速機

　理想変圧器は自転車の変速機や自動車のトランスミッションに似ている．自転車で坂道を登るとき，皆さんは少ない力で速くペダルを回すようにギヤを選択するだろう．これが一次側に相当する．このとき，タイヤは大きな力でゆっくり回る．これが二次側に相当する．力を電圧，速さを電流に例えると理想変圧器の動作を理解しやすいだろう．

　一方，競輪選手の自転車はどうだろうか．ペダルを大きな力でゆっくり回すと，タイヤが速く回るようにできている．筋力のある競輪選手にはそのほうが都合が良いわけである．このように一次側と二次側の特性に合わせて適切なギヤ比を選ぶことは重要である．電気回路の世界でもインピーダンス整合といって，二次側に接続された負荷のインピーダンスに応じて巻数比を調整することがある．変圧器も変速機も，エネルギーを効率よく伝えるための変換を行っているのである．

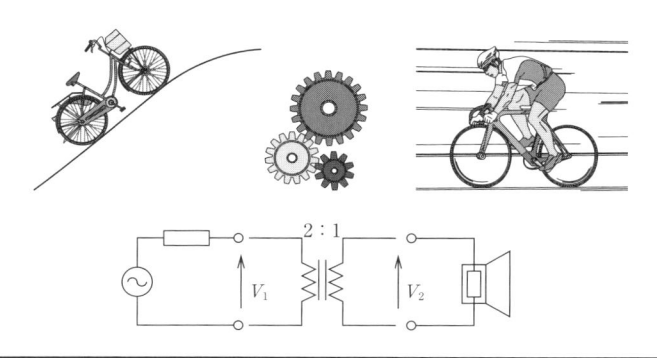

演習問題

1 図 13·12 の変圧器を等価回路に変形し，一次側から見たインピーダンスを求めよ．

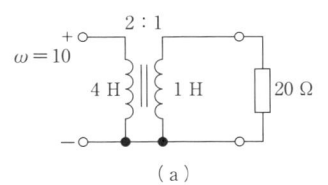

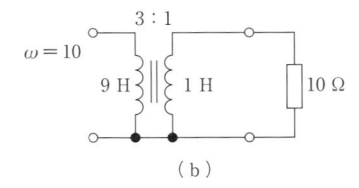

(a) $\omega=10$，4 H，1 H，2:1，20 Ω

(b) $\omega=10$，9 H，1 H，3:1，10 Ω

図 13·12

2 整合に関する次の問いに答えよ．

（1） 図 13·13 の電源回路から最大の電力を引き出すためには，負荷 R を何 Ω にすればよいか．また，そのときの V_1, I_1 および負荷の消費電力 P はいくらか．

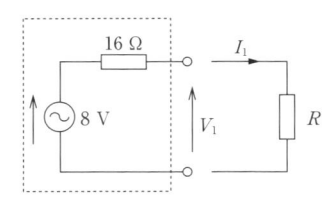

16 Ω，8 V，V_1，I_1，R

図 13·13

（2） （1）の電源回路に図 13·14 のように 4 Ω の負荷を接続した．V_1, I_1 および負荷の消費電力 P を求めよ．

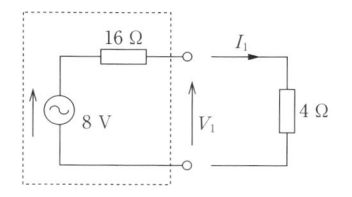

図 13・14

（3）（2）の回路に**図 13・15**のように理想変圧器を挟み，内部インピーダンスと負荷インピーダンスを整合する．巻数比 n をいくらにすればよいか．また，そのときの V_1, I_1, V_2, I_2 および負荷の消費電力 P を求めよ．

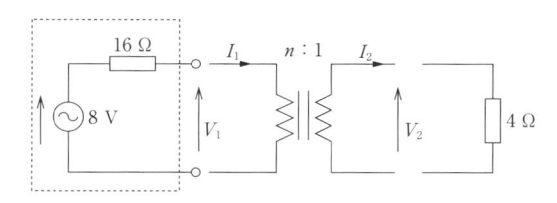

図 13・15

3 **図 13・16** の回路の端子対 ab から見たアドミタンス Y を求めよ．角周波数は ω とする．

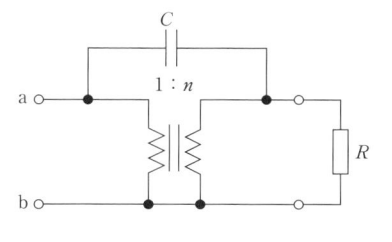

図 13・16

14章 共振回路

前章までは回路の電源の周波数は一定とみなしていた．この章では共振という現象を通じて，電源の周波数を変化させた場合のインピーダンスやアドミタンスの変化，回路素子の電圧や電流がどのように変化するかを学ぶ．共振は，テレビ，ラジオの同調回路やフィルタなど，工学上の応用が広いので，この現象について詳しく述べていく．

14·1 共振回路

基本的な共振回路を図 14·1 に示す．この節では，図 (a) の直列共振について説明する．

〔1〕直列共振回路のインピーダンス

図 14·1 (a) の直列共振回路のインピーダンスは

$$Z = j\omega L + \frac{1}{j\omega C} = j\left(\omega L - \frac{1}{\omega C}\right) \tag{14·1}$$

となり，リアクタンス成分のみである．

このリアクタンスを X として，角周波数 ω による変化を図 14·2 に示す．

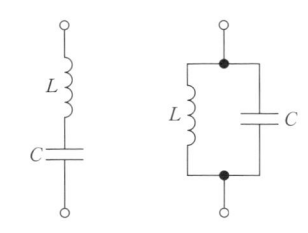

(a) 直列共振　(b) 並列共振

図 14·1　共振回路

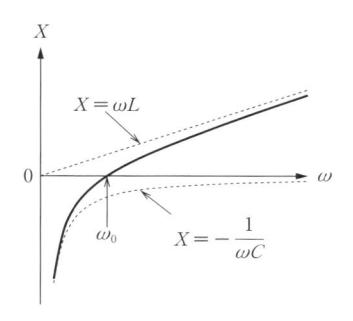

図 14・2 直列共振回路のリアクタンスの周波数特性

〔2〕共振周波数

図 14・2 で，$X=0$ となる角周波数 ω_0 を式(14・1)から求めると

$$\omega_0 = \frac{1}{\sqrt{LC}} \tag{14・2}$$

となる．

$$f_0 = \frac{\omega_0}{2\pi} = \frac{1}{2\pi\sqrt{LC}} \tag{14・3}$$

が，後ほどその意味を説明する**共振周波数**（ω_0 は**共振角周波数**）である．この周波数では，回路のインピーダンスが $|Z|=X=0$ となり，あたかも回路素子が何もないように見える．

〔3〕共振の意味

この回路の動作のようすを**図 14・3** で考えてみる．図 (a)，(b) および (c) は，それぞれ，インダクタ単体，キャパシタ単体，および LC 共振器全体の電流と電圧の状態を，左側には時間波形で，右側にはフェーザで示している．直列回路であるので，すべての素子に同じ電流が流れるので，電流を基準として描かれている．

まず電圧についてみてみる．電流を基準に電圧の位相は，図 (a) では 90° 進み，図 (b) では 90° 遅れており，V_L と V_C の位相は逆位相となっている．そのため LC 共振回路全体では，V_L と V_C の和は 0 となり，電流が流れているのに電圧が生じない．

14章 共振回路

(a) インダクタ

(b) キャパシタ

(c) 共振回路

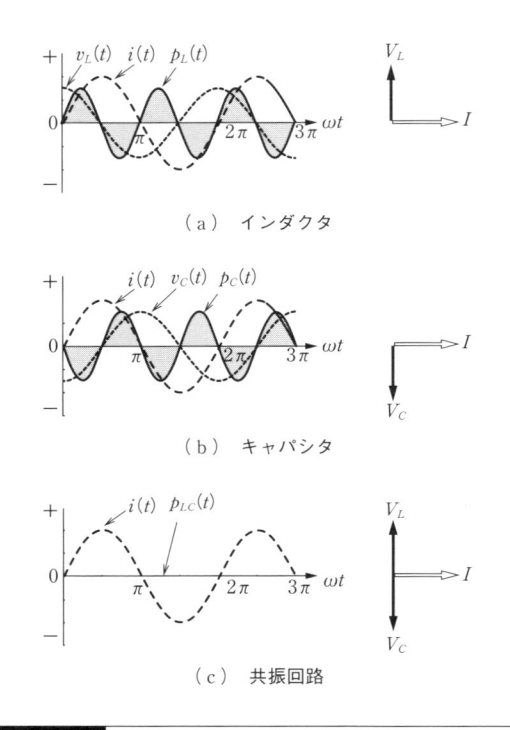

図 14・3 各素子と共振回路の瞬時波形とフェーザ図

　次に，時間波形で網のかかっている瞬時電力のようすを見てみる．図 (a)，(b) ともに，0 を中心に電源周波数の 2 倍で正負に変化している．瞬時電力の正の部分はそれぞれの回路素子に磁気エネルギー，電気エネルギーとして蓄えられるために用いられている．負の部分は，それぞれのエネルギーを放出して，相手の素子に与えている．すなわち，インダクタとキャパシタの間でエネルギーのやりとりを周期的に行う，すなわち**共振**が生じている．

　このとき，回路全体の電力は常に 0 となる．これは，外部電源からのエネルギー供給がないことを意味している．ただし，最初に電源から回路にエネルギーを与えるための電力は必要である．これは，振り子で最初におもりの位置を上げて位置エネルギーを上昇させて，離した後は，位置エネルギーと運動エネルギー間のやりとりを行って振動しているのと同様のものである．

14・2 回路素子の良さ

前節では，インダクタやキャパシタは理想的な素子で扱っていた．実際の素子では，巻線の抵抗や誘電体による損失などが存在する．

〔1〕損失を考慮した回路素子の等価回路

図 14・4 に，損失を考慮した部品の等価回路を示す．損失要素をインダクタでは抵抗 R，キャパシタではコンダクタンス G で表している．

〔2〕回路素子の良さ（Q 値）

回路素子の良さを表すのに，式(14・4)で与えられる **Q 値**（quality factor）を用いる．

$$Q = \frac{\text{リアクタンス成分}}{\text{抵抗成分}} = \frac{\text{サセプタンス成分}}{\text{コンダクタンス成分}} \tag{14・4}$$

抵抗成分やコンダクタンス成分が少ないほど Q 値は大きく，損失の少ない良い回路素子である．インダクタ，キャパシタの Q 値は，それぞれ次式で表される．

$$Q_L = \frac{\omega L}{R} \qquad Q_C = \frac{\omega C}{G} \tag{14・5}$$

いずれの式も分子に ω があるため，周波数の上昇とともに Q 値が大きくなりそうだが，実際には R や G も周波数とともに大きくなるため，単純に大きくなるわけではない．

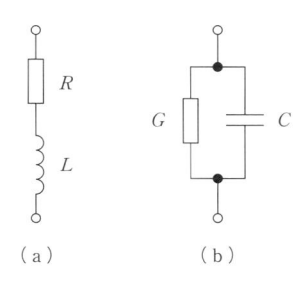

図 14・4 損失を考慮したインダクタとキャパシタの等価回路

14·3 直列共振回路

前節で学んだ実際の回路素子を考慮して、直列共振回路の動作について学ぶ.

〔1〕 直列共振回路のインピーダンス

損失を考慮した直列共振回路の等価回路と周波数の変化に伴う各素子の端子電圧と電源電圧のフェーザ図をそれぞれ図 14・5 に示している.

(a) 共振周波数

回路のインピーダンスは次式となる.

$$Z = R + j\omega L + \frac{1}{j\omega C} = R + j\left(\omega L - \frac{1}{\omega C}\right) \tag{14・6}$$

前節の理想的な LC 直列共振回路と同様に、リアクタンス成分が 0 となる角周波数 ω_0 は

$$\omega_0 = \frac{1}{\sqrt{LC}} \tag{14・7}$$

となり、損失がない場合と同じ共振周波数をもつ. このとき、インピーダンスは純抵抗成分だけになり、最小値をとる.

(b) 電圧フェーザの周波数変化

直列回路であるので R, L, C に流れる電流 I は等しい. 各素子の電圧は図 14・5 のフェーザ図に示されるように、周波数によって変化する. また、$\omega = \omega_0$ では、インダクタおよびキャパシタの電圧の大きさが等しく位相が逆の状態とな

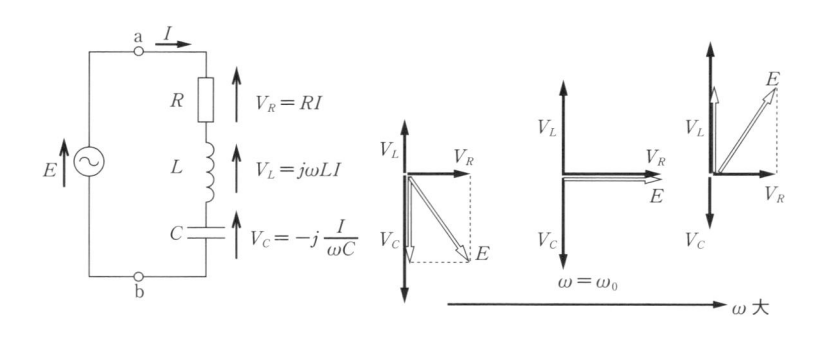

図 14・5 直列共振回路におけるフェーザ図の周波数変化

り，抵抗 R にすべての起電力 E がかかったような状態が生じる．

例題 14・1

抵抗 $R=2\,\Omega$，インダクタンス $L=8\,\mathrm{mH}$，キャパシタンス $C=20\,\mu\mathrm{F}$ の直列共振回路がある．この回路に $E=10\,\mathrm{V}$ の交流電圧源をつないだとき，共振周波数での各素子の電圧を求めよ．

■答え

直列共振回路における共振時なので，$V_R = E = 10\,\mathrm{V}$．$Q = \dfrac{\omega_0 L}{R} = \dfrac{1}{R}\sqrt{\dfrac{L}{C}} = 10$ より，$V_L = V_C = QE = 10 \times 10 = 100\,\mathrm{V}$．

(c) インピーダンス軌跡と共振帯域

インピーダンス軌跡は図 14・6 に示すように直線になる．

図 14・6 に示した ω_1, ω_2 は，式(14・8)のように，リアクタンス成分の大きさが抵抗成分と等しくなる周波数で，このとき，$|Z|=\sqrt{2}R$ となり，回路に流れる電流は $\omega=\omega_0$ のときの $1/\sqrt{2}$ になる．回路に加わる電圧は一定なので，この周波数では電力が $1/2$ となる．

$$R = \left|\omega L - \dfrac{1}{\omega C}\right| \tag{14・8}$$

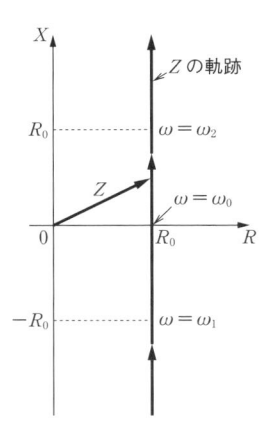

図 14・6 直列共振回路のインピーダンス軌跡

式(14・8)を $\omega > 0$ の条件で求めると,以下のようになる.

$$\omega_1 = \sqrt{\frac{R^2}{4L^2} + \frac{1}{LC}} - \frac{R}{2L} \qquad \omega_2 = \sqrt{\frac{R^2}{4L^2} - \frac{1}{LC}} + \frac{R}{2L} \qquad (14 \cdot 9)$$

また,これらの積は次のようになる.

$$\omega_1 \omega_2 = \frac{1}{LC} = \omega_0^2 \qquad (14 \cdot 10)$$

〔2〕直列共振回路の電流(共振曲線)

回路に流れる電流は

$$I = \frac{E}{Z} = \frac{E}{R + j\left(\omega L - \dfrac{1}{\omega C}\right)} = \frac{E}{R} \cdot \frac{1}{1 + j\left(\dfrac{\omega L}{R} - \dfrac{1}{\omega CR}\right)} \qquad (14 \cdot 11)$$

電流の周波数特性を図 14・7 に示す.

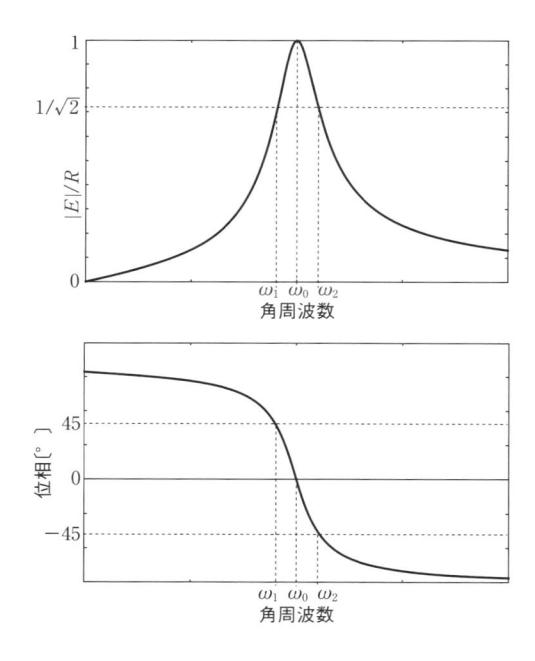

図 14・7 直列共振回路の共振曲線

〔3〕比帯域幅と半値幅

共振回路において共振曲線の鋭さが重要である．電流の大きさが最大値の $1/\sqrt{2}$ 倍，すなわち最大電力の $1/2$ 倍になるような二つの角周波数 ω_1 と ω_2 の差を

$$\Delta\omega = \omega_2 - \omega_1 \tag{14・12}$$

とすると

$$\Delta f = 2\pi\Delta\omega \tag{14・13}$$

を**半値幅**と呼ぶ．また

$$\frac{\Delta\omega}{\omega_0} = \frac{\Delta f}{f_0} \tag{14・14}$$

を**比帯域幅**と呼び，この値が小さいほど共振が鋭いことを意味する．これらは，次に示す Q 値に依存する．

例題 14・2

例題 14・1 の回路において半値幅および比帯域幅を計算せよ．

■答え

$$\Delta f = 2\pi\Delta\omega = 2\pi\frac{\omega_0}{Q} = \frac{2\pi}{Q\sqrt{LC}} = \frac{\pi}{2\times 10^{-3}} = \frac{\pi}{2}\times 10^3$$

$$\frac{\Delta\omega}{\omega_0} = \frac{1}{Q} = \frac{1}{10}$$

〔4〕Q 値と共振特性

損失の影響，すなわち Q 値の違いにより共振特性がどのように影響されるかを調べる．

共振回路の Q 値は

$$Q = \frac{\omega_0 L}{R} = \frac{1}{\omega_0 CR} = \frac{1}{R}\sqrt{\frac{L}{C}} = \frac{\omega_0}{\omega_2 - \omega_1} = \frac{\omega_0}{\Delta\omega} \tag{14・15}$$

であるので，比帯域幅は Q 値を用いて次式で表される．

$$\frac{\Delta\omega}{\omega_0} = \frac{1}{Q} \tag{14・16}$$

Q 値を用いてインピーダンス Z を表すと

$$Z = R\left\{1 + j\left(\frac{\omega L}{R} - \frac{1}{\omega CR}\right)\right\} = R\left\{1 + jQ\left(\frac{\omega}{\omega_0} - \frac{\omega_0}{\omega}\right)\right\} \tag{14・17}$$

回路を流れる電流は

$$I = \frac{E}{Z} = \frac{E}{R\left\{1 + jQ\left(\frac{\omega}{\omega_0} - \frac{\omega_0}{\omega}\right)\right\}} \tag{14・18}$$

となる．電流の大きさは

$$|I| = \frac{|E|}{|Z|} = \frac{|E|}{R\sqrt{1 + Q^2\left(\frac{\omega}{\omega_0} - \frac{\omega_0}{\omega}\right)^2}} \tag{14・19}$$

となる．

Q 値による電流の周波数特性の違いを図 14・8 に示す．横軸は共振周波数で規格化した周波数で，縦軸は共振周波数での最大電流 $|E|/R$ で規格化した電流の大きさを示している．

RLC 直列回路の各素子の電圧は

$$V_R = RI = \frac{E}{1 + jQ\left(\frac{\omega}{\omega_0} - \frac{\omega_0}{\omega}\right)} \tag{14・20}$$

$$V_L = j\omega LI = \frac{\omega}{\omega_0} \cdot \frac{jQE}{1 + jQ\left(\frac{\omega}{\omega_0} - \frac{\omega_0}{\omega}\right)} \tag{14・21}$$

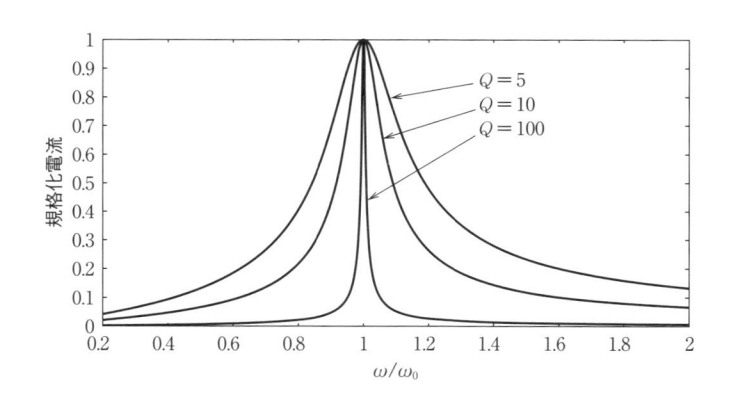

図 14・8 共振曲線の Q 値による変化

$$V_C = \frac{I}{j\omega C} = -\frac{\omega_0}{\omega}\frac{jQE}{1+jQ\left(\dfrac{\omega}{\omega_0}-\dfrac{\omega_0}{\omega}\right)} \qquad (14\cdot22)$$

共振周波数では

$$V_R = E \qquad V_L = jQE \qquad V_C = -jQE \qquad (14\cdot23)$$

となり，V_L，V_C の大きさは電源電圧 E の Q 倍になる．$Q>1$ とすれば，共振周波数では，V_L，V_C の値は，電源電圧より大きな値となる．また，$V_L+V_C=0$ となり，抵抗に電源電圧がそのまま加わり，あたかもインダクタもキャパシタもない抵抗だけの回路のように電流が決まる．

14·4 並列共振回路

並列共振回路の回路図と電圧と電流のベクトル図を**図 14·9** に示す．

並列回路であるので R，L，C に加わる電圧はすべて等しく E である．各素子を流れる電流はフェーザ図に示されるように，周波数によって変化する．また，後に求める共振周波数 ω_0 では，インダクタおよびキャパシタを流れる電流は大きさが等しく逆位相となり，見掛け上，抵抗 R にすべての電流 E/R が流れているような状態が生じる．

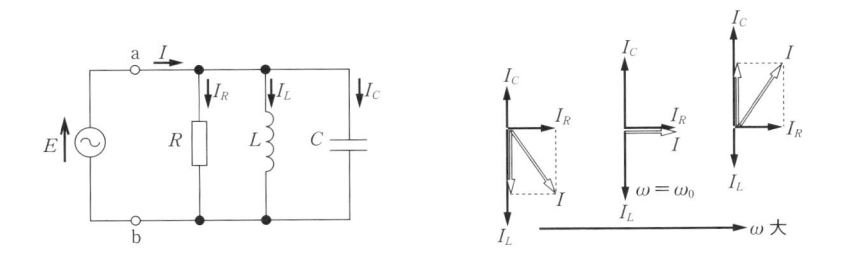

図 14·9 並列共振回路の電圧と電流

〔1〕並列共振回路のアドミタンス

回路のアドミタンスは

$$Y = G + \frac{1}{j\omega L} + j\omega C = \frac{1}{R} + j\left(\omega C - \frac{1}{\omega L}\right) \qquad (14\cdot24)$$

であり,抵抗成分は周波数に依存せず一定であるが,サセプタンス成分が 0 となる共振角周波数は,直列共振のときと同じく次のようになる.

$$\omega_0 = \frac{1}{\sqrt{LC}} \tag{14・25}$$

(a) **並列共振回路のアドミタンス軌跡**

アドミタンス軌跡は図 14・10 のように直線になる.アドミタンスの大きさは,共振角周波数 ω_0 では,純コンダクタンス($G = 1/R$)となり,最小値を示す.このような状態を**並列共振**または**反共振**と呼ぶ.

角周波数が $\omega < \omega_0$ では,サセプタンス成分は負(誘導性)で直流では $-\infty$,$\omega < \omega_0$ では,正(容量性)で $\omega \to \infty$ で $+\infty$ となる.これは,無限に大きな電流が流れることになるが,実際の回路では各素子のもつ損失成分(抵抗)により,そのようにはならない.

(b) **並列共振回路の帯域幅**

図 14・10 に示した ω_1, ω_2 は,サセプタンス成分の大きさがコンダクタンス成分と等しくなる周波数である.このとき,$|Y| = \sqrt{2}G$ となり,回路に流れる電流は $\omega = \omega_0$ のときの $\sqrt{2}$ 倍になる.これらの周波数は,およびそれらの積は,直列共振器で求めた,式(14・9),(14・10)と同じである.

(c) **各素子に流れる電流**

共振周波数では,抵抗,インダクタ,キャパシタを流れる電流 I_R, I_L, I_C は

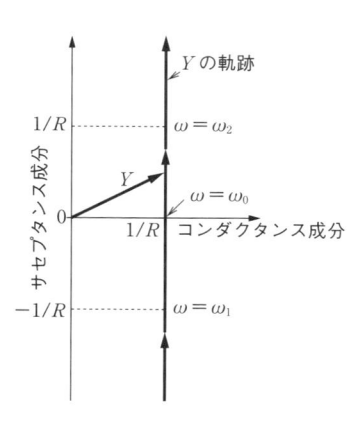

図 14・10 並列共振回路のアドミタンス軌跡

それぞれ

$$I_R = \frac{E}{R} \qquad I_L = jQI_R \qquad I_C = -jQI_R \qquad (14 \cdot 26)$$

となり，インダクタおよびキャパシタには，回路全体に流れる電流（I_R）の Q 倍の電流が流れる．

例題 14・3

図 14・11 の回路において，電源 E の周波数を調整したところ，全電流 I と抵抗に流れる電流 I_R が等しくなった．このとき，インダクタに流れる電流 I_L と抵抗に流れる電流 I_R の大きさの比，$|I_L/I_R|$ を求めよ．この回路で，$R=1\,\mathrm{k\Omega}$，$L=50\,\mathrm{mH}$，$C=20\,\mu\mathrm{F}$ のとき，$|I_L/I_R|$ の値を求めよ．

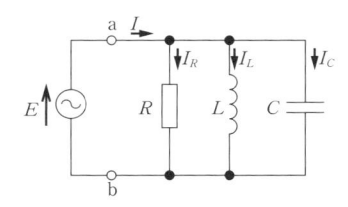

図 14・11

■答え

全電流 I と抵抗に流れる電流 I_R が等しくなるのは，回路のサセプタンス成分が 0 となる場合，すなわち，反共振角周波数 $\omega_0 = 1/\sqrt{LC}$ の場合である．インダクタに流れる電流の大きさは $I_L = E/\omega L = E/(L/\sqrt{CL}) = E\sqrt{C/L}$．抵抗に流れる電流は，$I_R = E/R$ であるので，これらの比は $I_L/I_R = R\sqrt{C/L}$ となる．それぞれに与えられた値を代入して計算すると，$I_L/I_R = R\sqrt{C/L} = 20$．

〔2〕 実際の並列共振回路

実際の並列共振回路では，キャパシタンスの損失成分（G）は非常に小さく，インダクタの損失成分（R）が主なものとなるので，図 14・12 の等価回路で表す

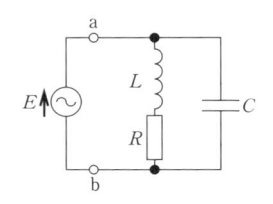

図 14・12 実際の並列共振回路

ことができる．

端子 a-b 間から見たアドミタンスは

$$\dot{Y} = j\omega C + \frac{1}{R + j\omega L} \tag{14・27}$$

$$= \frac{R}{R^2 + (\omega L)^2} + j\left\{\omega C - \frac{\omega L}{R^2 + (\omega L)^2}\right\} \tag{14・28}$$

$$= G + jB \tag{14・29}$$

反共振周波数は，サセプタンス成分 B が 0 になる周波数として求められる．

〔3〕反共振状態の周波数と Q 値

サセプタンス成分 B が 0 になる角周波数 ω_0 を求めると

$$\omega_0 = \frac{1}{\sqrt{LC}}\sqrt{1 - R^2\frac{C}{L}} \simeq \frac{1}{\sqrt{LC}} \quad \left(1 \gg R^2\frac{C}{L} \text{のとき}\right) \tag{14・30}$$

また，この周波数における Q 値は

$$Q_0 = \frac{\omega_0 L}{R} = \frac{1}{R}\sqrt{\frac{L}{C}}\sqrt{1 - R^2\frac{C}{L}} \simeq \frac{1}{R}\sqrt{\frac{L}{C}} \quad \left(1 \gg R^2\frac{C}{L} \text{のとき}\right) \tag{14・31}$$

$1 \gg R^2C/L$ のときは，$R \ll \sqrt{L/C}$ であるので，$Q_0 \gg 1$ となる．したがって，Q 値が十分大きなときは，反共振周波数は近似値でよいことになる．

演習問題

1 図14·1(b)の並列共振回路のアドミタンスが0となる，共振角周波数を求めよ．また，回路に電源 E を接続した場合に，この角周波数における E，インダクタの電流 I_L およびキャパシタンスの電流 I_C のフェーザ図を描き，全電流 $I = I_L + I_C$ が0となることを示せ．

2 インダクタおよびキャパシタの Q 値は，式(14·5)で表される．これらがともに $2\pi \dfrac{蓄積される最大エネルギー}{1周期中のエネルギー損失}$ であることを確かめよ．

3 図14·13の並列共振回路はラジオの同調回路に用いることができる．中波放送の周波数範囲（535～1605 kHz）を受信できるようにするために必要な可変キャパシタンス C の値の範囲を求めよ．

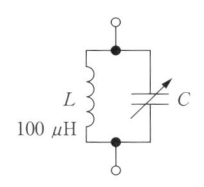

図 14·13

15章 三相交流回路

電力伝送には三相交流を用いることが多い．三相交流は，回転機の駆動に便利であり，また，使用する設備（伝送線）に対する効率も高い（同一設備でより大きな電力が送れる）．回路の扱いとしては，複数の電源が含まれるという観点で，前章までの内容の応用と捉えられるが，効率のよい計算法など，三相交流に特化した独特の課題もある．この章では，三相交流にかかわる基本的な扱いと簡単な計算例を解説する．

15·1 三相交流電源

三相交流回路（three-phase circuit）は三相交流電源を電源とする回路である．電力伝送回路は三相交流回路であることが多い．一般のエネルギー源から電気エネルギーを得るには，発電機が用いられ，特に多くの発電機を連系するために同期発電機が用いられる．同期発電機は三相で構成されるのがふつうで，この発電機がそのまま三相交流電源となる．

まず，振幅や位相差がそろった対称三相交流電源を考える．振幅と周波数が同じで，位相だけが互いに他の相に対して 120° の位相差がある，三つの電源（起電力）は以下のように表される．

$$\left. \begin{array}{l} E_a = E_s \cos \omega t \\ E_b = E_s \cos\left(\omega t - \dfrac{2\pi}{3}\right) \\ E_c = E_s \cos\left(\omega t - \dfrac{4\pi}{3}\right) \end{array} \right\} \quad (15 \cdot 1)$$

添字の a, b, c は相を表し，b, c 相は a 相に比べて，それぞれ $2\pi/3$, $4\pi/3$ の位相遅れがあることがわかる．

このような電源を，図 15·1（a）のようにY形に結線したものを考える．三つの電源が共通に接続される図の中央の節点 n を**中性点**（neutral point）という．

15・1 三相交流電源

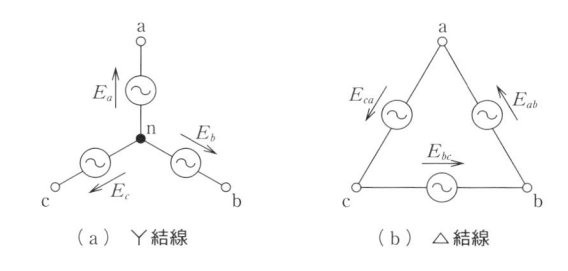

(a) Y結線　　　(b) △結線

図15・1 対称三相交流電源

中性点を接地すれば，式(15・1)の各起電力がそのまま各相の端子電圧となる．式(15・1)で表されるような，中性点に対する各相の端子電圧を**相電圧**（line-to-neutral voltage）と呼ぶ．

一方，図15・1 (a) で，相端子間の電圧を調べてみる．

$$E_{ab} = E_a - E_b = E_s \left\{ \cos \omega t - \cos\left(\omega t - \frac{2\pi}{3}\right) \right\}$$

$$= -2 E_s \sin\left(\omega t - \frac{\pi}{3}\right) \sin\left(\frac{\pi}{3}\right)^{*14}$$

$$= -\sqrt{3} E_s \sin\left(\omega t - \frac{\pi}{3}\right)$$

$$= \sqrt{3} E_s \sin\left(\omega t + \frac{2\pi}{3}\right)^{*15} \tag{15・2}$$

$$E_{bc} = E_b - E_c = -2 E_s \sin(\omega t - \pi) \sin\left(\frac{\pi}{3}\right)$$

$$= -\sqrt{3} E_s \sin(\omega t - \pi)$$

$$= \sqrt{3} E_s \sin \omega t \tag{15・3}$$

$$E_{ca} = E_c - E_a = -2 E_s \sin\left(\omega t - \frac{2\pi}{3}\right) \sin\left(-\frac{2\pi}{3}\right)$$

$$= \sqrt{3} E_s \sin\left(\omega t - \frac{2\pi}{3}\right) \tag{15・4}$$

式(15・2)～(15・4)によると，E_{ab}, E_{bc}, E_{ca} は「振幅と周波数が同じで，位相

---

*14 $\cos A - \cos B = -2 \sin\left(\dfrac{A+B}{2}\right) \sin\left(\dfrac{A-B}{2}\right)$

*15 $-\sin \theta = \sin(\theta + \pi)$

だけが互いに他の相に対して 120°の位相差がある三つの電圧」である．これは，起電力が式(15·2)～(15·4)で表される三つの電源を図 15·1 (b) のように△形に結線しても実現できる．つまり，「振幅と周波数が同じで，位相だけが互いに他の相に対して 120°の位相差がある三つの電源」はY形に接続しても，△形に接続しても，端子 a, b, c に本質的に同じ（起電力の）条件を与えることになる（振幅と絶対位相は両接続で異なることに注意）．これは，実際に三相同期発電機の起電力と考えることができる．

このような三つの量は，フェーザ図で表現すると把握しやすい．**図 15·2** は，図 (a) がY形結線の電源の関係を，図 (b) が△形結線の電源の関係を，それぞれ表したものである．式(15·1)と式(15·2)～(15·4)を比較すると，起電力の振幅が $1:\sqrt{3}$ であるが，図 15·2 ではこの関係が明らかである（位相のずれも図 15·2 では $30°=\pi/6$ が明らかであるが，式(15·2)～(15·4)で確認するには，$\sin(\theta+\pi/2)=\cos\theta$ を利用するなどして変形する必要がある）．また，式(15·1)によれば

$$E_a + E_b + E_c = 0 \tag{15·5}$$

であるが，図 15·2 (a) では，各フェーザの終点は正三角形の頂点をなすことから，容易に式(15·5)の関係がわかる．

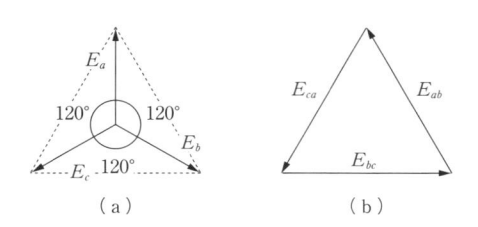

図 15·2 対称三相交流電源のフェーザ図

例題 15·1

式(15·1)から式(15·5)を導出せよ．

■**答え**

三角関数の加法定理を用いれば，式(15·1)の後の 2 式は

$$E_b = E_s \left(\cos \omega t \cos \frac{2\pi}{3} + \sin \omega t \sin \frac{2\pi}{3} \right)$$

$$E_c = E_s \left(\cos \omega t \cos \frac{4\pi}{3} + \sin \omega t \sin \frac{4\pi}{3} \right)$$

となるので

$$E_a + E_b + E_c = E_s \cos \omega t \left(1 + \cos \frac{2\pi}{3} + \cos \frac{4\pi}{3} \right)$$

$$+ E_s \sin \omega t \left(\sin \frac{2\pi}{3} + \sin \frac{4\pi}{3} \right)$$

となるが，$\cos \frac{2\pi}{3} = \cos \frac{4\pi}{3} = -\frac{1}{2}$, $\sin \frac{2\pi}{3} = \frac{\sqrt{3}}{2}$, $\sin \frac{4\pi}{3} = -\frac{\sqrt{3}}{2}$ なので，上式の和は 0 となる．

15・2 対称三相交流回路の解析

三相交流回路では，電源と負荷がそれぞれY形か△形をとりうるので，その分類の観点でも 4 通りがある（図 15・3）．

例えば負荷をつなぐ際には，二つの端子に電圧をかけようとするので，負荷は△形をとるのが自然である．このため，三相回路で単に「電圧」といえば，前節

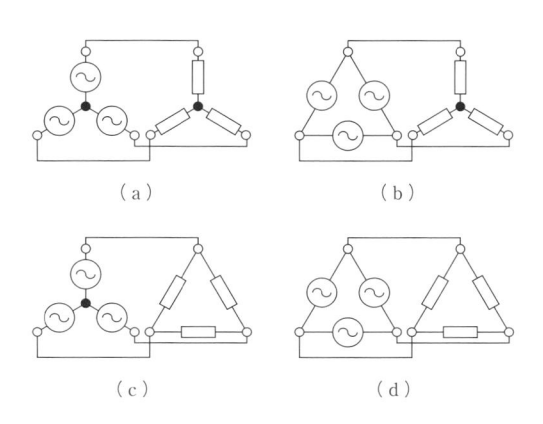

図 15・3 三相交流回路の種類

で説明した相電圧ではなく,電源の接続を△形で考えた場合の,端子間の電圧(**線間電圧**(line-to-line voltage)と呼ぶ)を指す.あるいは,実際の電源の問題を考える際,電力伝送の末端では,電源に相当するのは変圧器の二次巻線で,△結線の簡略形であるV結線[*16]が利用されることも多く,図 15・3 (d) が現実的とも考えられる.

しかし,以降に示すように,回路を解析しようとする場合,むしろ図 (a) の電源・負荷ともにY結線であるほうが扱いやすい.この節では,図 (a) の形で,かつ電源が対称三相交流電源,負荷も各相で同じインピーダンスの負荷(**平衡負荷**(balanced load)と呼ぶ)が接続されているもの(**図 15・4**)を扱う.

図 15・4 はどのように解析すればよいだろうか.ここでは,三つの電源に対して重ね合わせの理を適用する.電源 $\dot{E}_a$ のみを残し,他の電源を短絡除去した回路(**図 15・5**)で,a 相の線電流 $\dot{i}_a$ は

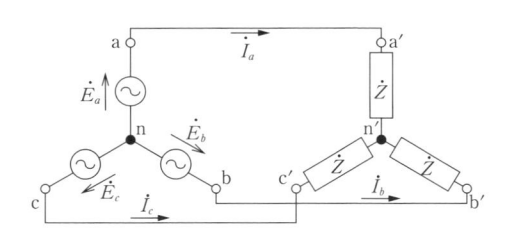

図 15・4 解析する対称三相交流回路

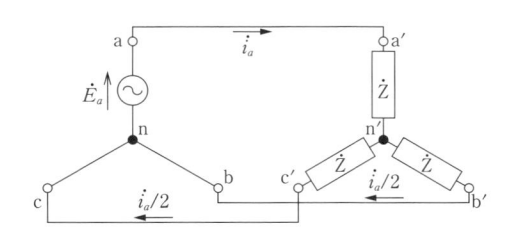

図 15・5 $\dot{E}_a$ 以外の電源を短絡除去した対称三相交流回路

[*16] △結線の場合,一つの電圧源がなくても対称三相交流電圧を構成できる.これを利用して,変圧器2台で三相回路を扱う結線方法.

$$\dot{i}_a = \frac{\dot{E}_a}{\dot{Z} + \dot{Z} // \dot{Z}} = \frac{\dot{E}_a}{3\dot{Z}/2} = \frac{2\dot{E}_a}{3\dot{Z}} \tag{15・6}$$

となる．このとき，b，c 相の線電流は，それぞれ $\dot{i}_a$ の 1/2 が逆向きに流れている．同様に，$\dot{E}_b$ のみを残した回路の b 相の線電流は $\dot{i}_b = 2\dot{E}_b/3\dot{Z}$，$\dot{E}_c$ のみを残した回路の c 相の線電流は $\dot{i}_c = 2\dot{E}_c/3\dot{Z}$ と求まり，それぞれ他相の線電流は，$\dot{i}_b$，$\dot{i}_c$ の 1/2 が逆向きに流れている．したがって，三つの回路を重ね合わせれば，図 15・4 における a 相の電流として

$$\dot{I}_a = \dot{i}_a - \frac{\dot{i}_b}{2} - \frac{\dot{i}_c}{2} = \frac{1}{3\dot{Z}}(2\dot{E}_a - \dot{E}_b - \dot{E}_c) \tag{15・7}$$

となる．式(15・5)（複素数で表現しても同じ）を用いれば

$$\dot{I}_a = \frac{1}{3\dot{Z}}\{3\dot{E}_a - (\dot{E}_a + \dot{E}_b + \dot{E}_c)\} = \frac{\dot{E}_a}{\dot{Z}} \tag{15・8}$$

となる．同様に，$\dot{I}_b = \dfrac{\dot{E}_b}{\dot{Z}}$，$\dot{I}_c = \dfrac{\dot{E}_c}{\dot{Z}}$ を得る．

このように得られた結果は，図 15・4 において，電源側の中性点と負荷側の中性点とを接続した場合（**図 15・6**）と変わらないことを示している（中性点間を結ぶ線を**中性線**（neutral wire, neutral conductor）と呼ぶ）．実際，中性点間が結ばれれば，一つの電源と一つの負荷がそれぞれ接続され，中性線には，$\dot{I}_n = \dot{I}_a + \dot{I}_b + \dot{I}_c$ が流れるが，式(15・5)から $\dot{I}_n = \dfrac{1}{\dot{Z}}(\dot{E}_a + \dot{E}_b + \dot{E}_c) = 0$ であり，電流は流れない．すなわち，対称三相電源に平衡負荷が接続された場合，中性線がない回路とある回路は同等である[*17]．中性線のある回路で考えれば，一つの電源

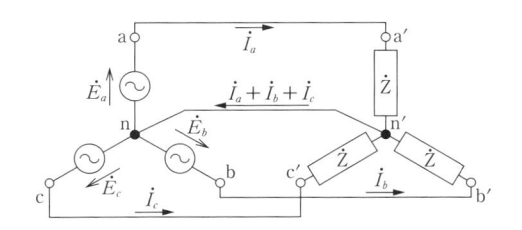

図 15・6 中性点を接続した対称三相交流回路

と一つの負荷がそれぞれ接続された状態であり，もはや三相回路として考える必要はなく，図 15·7 のように，三つの独立した回路と考えて解析できる．このように，対称性のある回路の場合は解析が容易になる．

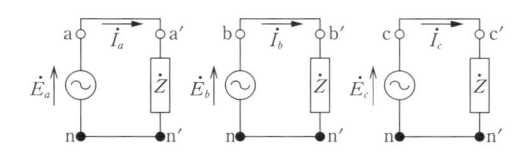

図 15・7 三つの独立回路に分割

15・3 対称座標法

前節では，電源と負荷の両方に対称性がある場合を扱った．例えば，電源の振幅が相間で異なるような，対称性が崩れた場合はどのように解析すればよいだろうか．一般には，10·3 節で説明した網目電流法や，11·1 節で説明した重ね合わせの理などが利用できる．回路の条件によっては，ここで説明する**対称座標法**（method of symmetrical components）が有効な場合も多い．

〔1〕ベクトルオペレータ

三相回路では，120°の位相差がしばしば現れる．これを表現する**ベクトルオペレータ** $\dot{a}$ を導入する．

$$\dot{a} = e^{j\frac{2\pi}{3}} = \frac{-1 + j\sqrt{3}}{2} \tag{15・9}$$

$\dot{a}$ を乗じることによって，位相を 120° 進めることになる．この $\dot{a}$ は，次の性質をもつ．

$$\dot{a}^2 = e^{j\frac{4\pi}{3}} = \frac{-1 - j\sqrt{3}}{2} \tag{15・10}$$

$$\dot{a}^3 = 1 \tag{15・11}$$

$$\dot{a}^2 + \dot{a} + 1 = 0 \tag{15・12}$$

---

*17 回路の対称性から節点 n と n′ は同じ電位になる．

$\dot{a}^2$, $\dot{a}^3$ を乗じることは，位相をそれぞれ 240°，360° 進めることに対応する．$\dot{a}$ ($\dot{a}^2$) が 120°（240°）位相を進めることは，240°（120°）位相を遅らせることとも捉えられる．$\dot{a}$ を用いると，式(15・1)を複素数表示したものを次のように表せる．

$$\left.\begin{array}{l}\dot{E}_a = E_s e^{j\omega t} \\ \dot{E}_b = E_s e^{j\left(\omega t - \frac{2\pi}{3}\right)} = \dot{a}^2 E_s e^{j\omega t} = \dot{a}^2 \dot{E}_a \\ \dot{E}_c = E_s e^{j\left(\omega t - \frac{4\pi}{3}\right)} = \dot{a} E_s e^{j\omega t} = \dot{a} \dot{E}_a \end{array}\right\} \qquad (15 \cdot 13)$$

例えば式(15・5)の関係は，$\dot{a}$ の性質の式(15・12)に帰着される．

例題 15・2

次の式を $\dot{a}$ の一次式に変形せよ．

(1) $\dot{a}^4$ (2) $\dot{a}^5$ (3) $\dfrac{1}{\dot{a}}$ (4) $\dfrac{1}{\dot{a}+1}$

■答え

(1) $\dot{a}^4 = \dot{a}^3 \cdot \dot{a} = \dot{a}$

(2) $\dot{a}^5 = \dot{a}^3 \cdot \dot{a}^2 = \dot{a}^2 = -\dot{a} - 1$

(3) $\dfrac{1}{\dot{a}} = \dfrac{\dot{a}^2}{\dot{a}^3} = \dot{a}^2 = -\dot{a} - 1$

(4) $\dfrac{1}{\dot{a}+1} = \dfrac{1}{-\dot{a}^2} = -\dfrac{\dot{a}}{\dot{a}^3} = -\dot{a}$

〔2〕対称座標変換

対称座標法は，一種の座標変換であり，その変換式は次式で定義される．

$$\begin{bmatrix}\dot{V}_0 \\ \dot{V}_1 \\ \dot{V}_2\end{bmatrix} = \begin{bmatrix}\frac{1}{3}(\dot{V}_a + \dot{V}_b + \dot{V}_c) \\ \frac{1}{3}(\dot{V}_a + \dot{a}\dot{V}_b + \dot{a}^2\dot{V}_c) \\ \frac{1}{3}(\dot{V}_a + \dot{a}^2\dot{V}_b + \dot{a}\dot{V}_c)\end{bmatrix} = \frac{1}{3}\begin{bmatrix}1 & 1 & 1 \\ 1 & \dot{a} & \dot{a}^2 \\ 1 & \dot{a}^2 & \dot{a}\end{bmatrix}\begin{bmatrix}\dot{V}_a \\ \dot{V}_b \\ \dot{V}_c\end{bmatrix} \qquad (15 \cdot 14)$$

式(15・14)で定義される $\dot{V}_0$, $\dot{V}_1$, $\dot{V}_2$ を電圧の**対称座標成分**（symmetrical component）と呼ぶ．式(15・14)では，電圧を例にとっているが，起電力や電流

でも同様に定義される．

例題 15・3

式(15・14)と同様の変換を起電力に適用し，式(15・13)についての対称座標成分を求めよ．

■答え

$$\begin{bmatrix} \dot{E}_0 \\ \dot{E}_1 \\ \dot{E}_2 \end{bmatrix} = \frac{1}{3}\begin{bmatrix} 1 & 1 & 1 \\ 1 & \dot{a} & \dot{a}^2 \\ 1 & \dot{a}^2 & \dot{a} \end{bmatrix}\begin{bmatrix} \dot{E}_a \\ \dot{a}^2\dot{E}_a \\ \dot{a}\dot{E}_a \end{bmatrix} = \begin{bmatrix} 0 \\ \dot{E}_a \\ 0 \end{bmatrix} \tag{15・15}$$

対称座標変換は座標変換であるので，逆変換も以下のように得られる．

$$\begin{bmatrix} \dot{V}_a \\ \dot{V}_b \\ \dot{V}_c \end{bmatrix} = \begin{bmatrix} \dot{V}_0 + \dot{V}_1 + \dot{V}_2 \\ \dot{V}_0 + \dot{a}^2\dot{V}_1 + \dot{a}\dot{V}_2 \\ \dot{V}_0 + \dot{a}\dot{V}_1 + \dot{a}^2\dot{V}_2 \end{bmatrix} = \begin{bmatrix} 1 & 1 & 1 \\ 1 & \dot{a}^2 & \dot{a} \\ 1 & \dot{a} & \dot{a}^2 \end{bmatrix}\begin{bmatrix} \dot{V}_0 \\ \dot{V}_1 \\ \dot{V}_2 \end{bmatrix} \tag{15・16}$$

式(15・16)によれば，$\dot{V}_0$ は a，b，c のどの相にも同じ位相で入っており，**零相成分**（zero sequence component）と呼ばれる．また，$\dot{V}_1$ は，a，b，c の各相の順に入っており，**正相成分**（positive sequence component）と呼ばれ，$\dot{V}_2$ は，a，b，c の各相の逆順に入っており，**逆相成分**（negative sequence component）と呼ばれる．

例題 15・4

式(15・14)の右辺の行列の逆行列が式(15・16)の右辺の行列であることを示せ．

■答え

$$\begin{bmatrix} 1/3 & 1/3 & 1/3 \\ 1/3 & \dot{a}/3 & \dot{a}^2/3 \\ 1/3 & \dot{a}^2/3 & \dot{a}/3 \end{bmatrix}^{-1}$$

$$= \frac{1}{\frac{\dot{a}^2-\dot{a}}{9}} \begin{bmatrix} (\dot{a}^2-\dot{a})/9 & -(\dot{a}-\dot{a}^2)/9 & (\dot{a}^2-\dot{a})/9 \\ -(\dot{a}-\dot{a}^2)/9 & (\dot{a}-1)/9 & -(\dot{a}^2-1)/9 \\ (\dot{a}^2-\dot{a})/9 & -(\dot{a}^2-1)/9 & (\dot{a}-1)/9 \end{bmatrix} = \begin{bmatrix} 1 & 1 & 1 \\ 1 & \dot{a}^2 & \dot{a} \\ 1 & \dot{a} & \dot{a}^2 \end{bmatrix}$$

〔3〕対称座標法の利用例

対称座標法を利用した回路計算例として，図 15・8 のような対称三相でない電源に平衡負荷が接続されている場合を考える．起電力は次式で表されるとする．

$$\left. \begin{array}{l} \dot{\tilde{E}}_a = (E_s + \varepsilon)e^{j\omega t} \\ \dot{E}_b = E_s e^{j\left(\omega t - \frac{2\pi}{3}\right)} \\ \dot{E}_c = E_s e^{j\left(\omega t - \frac{4\pi}{3}\right)} \end{array} \right\} \tag{15・17}$$

式(15・14)と同様に，起電力 $\dot{\tilde{E}}_a$, $\dot{E}_b$, $\dot{E}_c$ を対称座標成分に変換する．

$$\begin{bmatrix} \dot{E}_0 \\ \dot{E}_1 \\ \dot{E}_2 \end{bmatrix} = \frac{1}{3} \begin{bmatrix} 1 & 1 & 1 \\ 1 & \dot{a} & \dot{a}^2 \\ 1 & \dot{a}^2 & \dot{a} \end{bmatrix} \begin{bmatrix} \dot{\tilde{E}}_a \\ \dot{E}_b \\ \dot{E}_c \end{bmatrix} = \begin{bmatrix} \frac{1}{3}\varepsilon e^{j\omega t} \\ \frac{1}{3}\varepsilon e^{j\omega t} + E_s e^{j\omega t} \\ \frac{1}{3}\varepsilon e^{j\omega t} \end{bmatrix} \tag{15・18}$$

$\dot{\tilde{E}}_a$, $\dot{E}_b$, $\dot{E}_c$ は，これらの $\dot{E}_0$, $\dot{E}_1$, $\dot{E}_2$ で

$$\begin{bmatrix} \dot{\tilde{E}}_a \\ \dot{E}_b \\ \dot{E}_c \end{bmatrix} = \begin{bmatrix} 1 & 1 & 1 \\ 1 & \dot{a}^2 & \dot{a} \\ 1 & \dot{a} & \dot{a}^2 \end{bmatrix} \begin{bmatrix} \dot{E}_0 \\ \dot{E}_1 \\ \dot{E}_2 \end{bmatrix} \tag{15・19}$$

と表される．よって，図 15・8 の回路は図 15・9 の回路と等価である．各相ごと

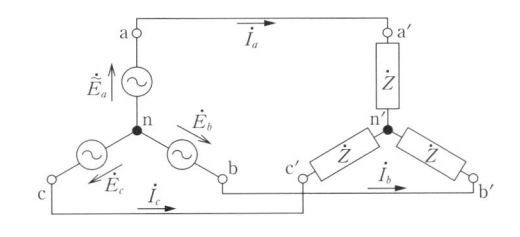

図 15・8　対称三相でない回路

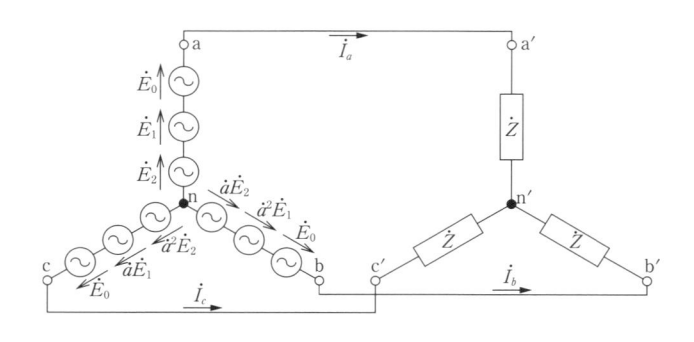

図15・9 対称座標成分による等価な回路

に電圧源を一つずつ残して重ね合わせの理を適用すれば，結局，図15・10の三つの回路の重ね合わせと同じである．

図15・10 (a) の回路は，電源がみな同じで，負荷も同じであるので，回路全体で電流が流れない（$\dot{I}_{0a} = \dot{I}_{0b} = \dot{I}_{0c} = 0$）．図(b)の回路は，前節で扱った対称三相電源に平衡負荷が接続されたものであるので，各相の電流は式(15・8)に準じて表現できる（$\dot{I}_{1a} = \dot{E}_1/\dot{Z}$, $\dot{I}_{1b} = \dot{a}^2\dot{E}_1/\dot{Z}$, $\dot{I}_{1c} = \dot{a}\dot{E}_1/\dot{Z}$）．図(c)の回路は，図(b)とトポロジーは同じであり，各相の電流は，対称三相電源でb相とc相とを入れ換えたもので表現できる（$\dot{I}_{2a} = \dot{E}_2/\dot{Z}$, $\dot{I}_{2b} = \dot{a}\dot{E}_2/\dot{Z}$, $\dot{I}_{2c} = \dot{a}^2\dot{E}_2/\dot{Z}$）．

したがって，図15・8の回路の電流は

$$\begin{bmatrix} \dot{I}_a \\ \dot{I}_b \\ \dot{I}_c \end{bmatrix} = \begin{bmatrix} \dot{I}_{0a} + \dot{I}_{1a} + \dot{I}_{2a} \\ \dot{I}_{0b} + \dot{I}_{1b} + \dot{I}_{2b} \\ \dot{I}_{0c} + \dot{I}_{1c} + \dot{I}_{2c} \end{bmatrix} = \begin{bmatrix} \dfrac{\dot{E}_1 + \dot{E}_2}{\dot{Z}} \\ \dfrac{\dot{a}^2\dot{E}_1 + \dot{a}\dot{E}_2}{\dot{Z}} \\ \dfrac{\dot{a}\dot{E}_1 + \dot{a}^2\dot{E}_2}{\dot{Z}} \end{bmatrix} = \begin{bmatrix} \dfrac{E_s e^{j\omega t}}{\dot{Z}} + \dfrac{2\varepsilon e^{j\omega t}}{3\dot{Z}} \\ \dfrac{a^2 E_s e^{j\omega t}}{\dot{Z}} - \dfrac{\varepsilon e^{j\omega t}}{3\dot{Z}} \\ \dfrac{a E_s e^{j\omega t}}{\dot{Z}} - \dfrac{\varepsilon e^{j\omega t}}{3\dot{Z}} \end{bmatrix} \quad (15\cdot 20)$$

となる．

15・4 三相交流回路の電力

三相交流回路の電力について考えよう．まず，負荷が平衡の場合について考え

(a)

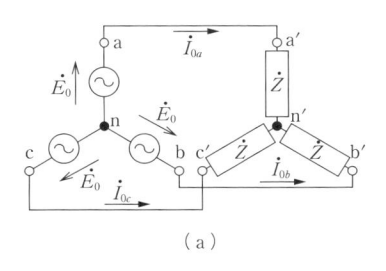

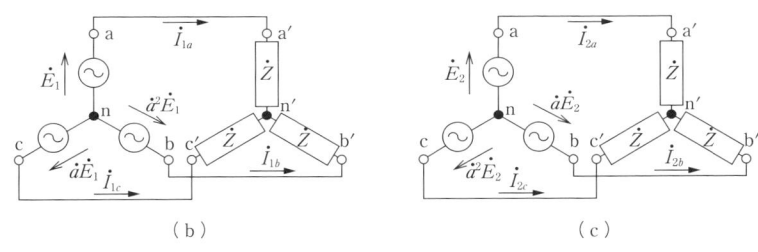

(b)　　　　　　　　　　　　（c）

図 15・10　対称成分の電源に分割した回路

る．この場合の負荷の電圧・電流については，15・2 節の解析結果が利用できる．一つの相の相電圧と負荷を，それぞれ $\dot{E}$, $\dot{Z}$ とすれば，Y結線された平衡負荷には，各相で電流 $\dot{E}/\dot{Z}$ が流れる．負荷全体での有効電力は

$$3\mathrm{Re}\left[\dot{E}\left(\frac{\dot{E}}{\dot{Z}}\right)^*\right] = 3\mathrm{Re}\left[\dot{E}\frac{\dot{E}^*}{\dot{Z}^*}\frac{\dot{Z}}{\dot{Z}}\right] = 3\frac{|\dot{E}|^2}{|\dot{Z}|^2}\mathrm{Re}\dot{Z} = 3\frac{|\dot{E}|^2}{|\dot{Z}|}\cos\theta$$

$$= \sqrt{3}(\sqrt{3}|\dot{E}|)\left(\frac{|\dot{E}|}{|\dot{Z}|}\right)\cos\theta \tag{15・21}$$

となる．$\sqrt{3}|\dot{E}|$ は線間電圧の大きさ（V と表記する）であり，$|\dot{E}|/|\dot{Z}|$ は線電流（負荷電流）の大きさ（I と表記する）である．したがって，平衡負荷の全体の有効電力は，$\sqrt{3}VI\cos\theta$ と表される．

15章 三相交流回路

例題 15・5

式(15・21)にならって、平衡負荷全体の無効電力を線間電圧と線電流で表せ.

■答え

$$3\,\mathrm{Im}\!\left[\dot{E}\!\left(\frac{\dot{E}}{\dot{Z}}\right)^{\!*}\right]=3\frac{|\dot{E}|^2}{|\dot{Z}|^2}\,\mathrm{Im}\,\dot{Z}=3\frac{|\dot{E}|^2}{|\dot{Z}|}\sin\theta=\sqrt{3}\,VI\sin\theta \quad (15\cdot22)$$

電源が対称でなかったり、負荷が平衡でない場合の電力を考える. この場合、三つの負荷に流れる電流が異なるので、相単位の解析に戻らなければならない. これには、具体的な回路に応じて、対称座標法を用いたり、あるいは重ね合わせの理により相ごとの負荷電流を計算し、電力を求めることになる.

演習問題

1 3台の同じ変圧器で、三つの一次巻線をY結線し、三つの二次巻線を△結線した. 一次側の三つの端子に対称三相交流電圧を印加すると、二次側にも対称三相交流電圧が生じるが、このときの一次-二次間の位相差を求めよ.

2 図15・11 (a), (b) それぞれについて、線電流 $\dot{I}$ を求めよ.

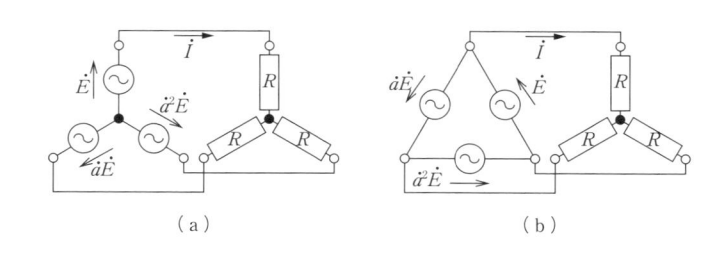

(a)　　　　　　　　(b)

図 15・11

3 図 15·12 について，重ね合わせの理を用いて線電流 $\dot{I}$ を求めよ．

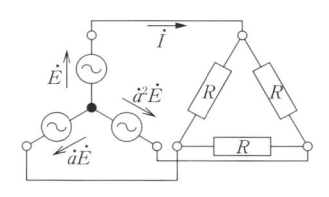

図 15·12

4 図 15·13 について，$|\dot{E}|=100$ V のとき，線電流 $\dot{I}$ の大きさを求めよ（ヒント：Y-△変換）．

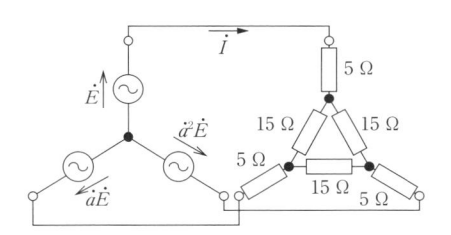

図 15·13

5 図 15·14 のような相互結合がある三相平衡負荷に対しては，負荷の電圧降下と線電流との間には，次の関係がある．

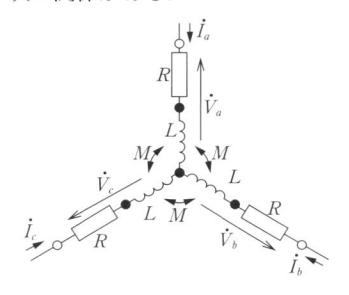

図 15·14

15章 三相交流回路

$$\begin{bmatrix} \dot{V}_a \\ \dot{V}_b \\ \dot{V}_c \end{bmatrix} = \begin{bmatrix} R+j\omega L & j\omega M & j\omega M \\ j\omega M & R+j\omega L & j\omega M \\ j\omega M & j\omega M & R+j\omega L \end{bmatrix} \begin{bmatrix} \dot{I}_a \\ \dot{I}_b \\ \dot{I}_c \end{bmatrix}$$

上式をもとにして，電圧降下と線電流とを，それぞれ対称座標成分に変換し，両者の間の関係を導け．

6 線間電圧 200 V の三相対称電源に力率 0.8 の平衡負荷を接続したところ，10 A の線電流が流れた．この負荷の皮相電力，有効電力，無効電力をそれぞれ求めよ．

演習問題解答

1章
1. $I = 0.056$ A
2. 電荷量 $Q = (I \cdot t)/2$ 〔C〕,平均電流 $I/2$ 〔A〕
3. $10\ V$
4. 144 kWh,5.18×10^8 J

2章
1. $R = 250\ \Omega$, $P = 0.1$ W
2. $150\ \Omega$
3. $V = 0.15$ V,$W = 0.0225$ J
4. $V = 200$ V,$W = 3$ J

3章
1. (1) $40\ \Omega$ (2) 0.025 S (3) 0.375 A (4) $V_1 = 3.75$ V,$V_2 = 11.25$ V
2. (1) $5.33\ \Omega$ (2) 3 V (3) $30.7\ \Omega$ (4) 4.6 V
3. (1) $3.08\ \Omega$ (2) 0.325 S (3) 7.69 V (4) $I_1 = 1.54$ A,$I_2 = 0.96$ A
4. (1) $7.5\ \Omega$ (2) 0.012 A (3) $3.26\ \Omega$ (4) 0.092 A
5. 12 kΩ
6. $0.4\ \Omega$

4章
1. 図 (a) $R = 28.75$ kΩ,$G = 0.035$ S 図 (b) $R = 22.2$ kΩ,$G = 0.045$ S
2. $I_1 = 2.27$ A,$I_2 = 1.36$ A,$I_3 = 0.91$ A,$I_4 = 1.25$ A
3. $V_1 = 0.56$ V,$V_2 = 0.56$ V,$V_3 = 0.72$ V,$V_4 = 0.72$ V
4. $I_1 = 0.75$ A,$I_2 = 0.75$ A,$I_3 = 0.5$ A,$I_4 = 0.5$ A,$I_5 = 0$ A
5. $r = R/3$
6. $70.5\ \Omega$

演習問題解答

5章

1 周期 $T = 10$ ms のとき $f = 100$ Hz, $\omega = 2\pi f = 200\pi$ 〔rad/s〕. $f = 50$ Hz のとき $T = 20$ ms.

2 $V_e = 50$ V のとき $V_m = 50\sqrt{2}$ V. $V_m = 100$ V のとき $V_e = 100/\sqrt{2} = 50\sqrt{2}$ V.

3 同じ時刻で $v_1(t)$ の位相が $v_2(t)$ の位相より $\pi/6$ 進んでいる. 図は以下.

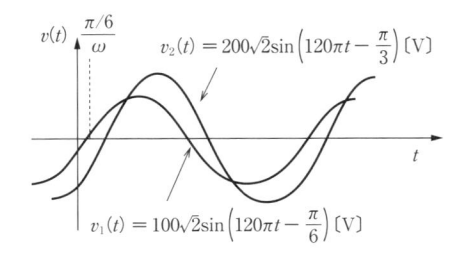

解図 1

4 実効値 20 V, 周期 $T = 20$ ms, 周波数 $f = 1/(20\,\text{ms}) = 50$ Hz, 角周波数 $\omega = 2\pi \times 50 = 100\pi$ 〔rad/s〕. 位相角 θ_0 は時間 $t_0 = 2.5$ ms 遅れに相当するので, rad 単位では

$$\theta_0 = \frac{2\pi}{T} t_0 = \frac{2\pi}{20\,\text{ms}} \times 2.5\,\text{ms} = \frac{\pi}{4}\;\text{〔rad〕}\quad 遅れ$$

$$v(t) = 20\sqrt{2}\,\sin\left(100\pi t - \frac{\pi}{4}\right)\;\text{〔V〕}$$

5 波高値 $2\sqrt{2}$ mA, 実効値 2 mA, 周波数 50 Hz, 角周波数 100π 〔rad/s〕, 周期 $1/50$ s $= 20$ ms, 位相角 $-3\pi/4$ 〔rad〕, $t = 10$ ms のとき $\pi/4$ 〔rad〕

6章

1 $\dot{F}_1 + \dot{F}_2 = 3 + j4$, $\dot{F}_1 - \dot{F}_2 = 1 - j2$, $\dot{F}_1 \dot{F}_2 = (2-3) + j(6+1) = -1 + j7$

2 $\dot{F}_1 = 2\angle 90° = j2$, $\dot{F}_2 = 1\angle 30° = \frac{\sqrt{3}}{2} + j\frac{1}{2}$ なので

$$\dot{F}_1 + \dot{F}_2 = \frac{\sqrt{3}}{2} + j\frac{5}{2},\quad \dot{F}_1 - \dot{F}_2 = -\frac{\sqrt{3}}{2} + j\frac{3}{2}$$

$$\dot{F}_1 \dot{F}_2 = 2\angle(90+30)° = 2\angle 120° = 2\left(-\frac{1}{2} + j\frac{\sqrt{3}}{2}\right) = -1 + j\sqrt{3}$$

または

$$\dot{F}_1 \dot{F}_2 = (j2)\left(\frac{\sqrt{3}}{2} + j\frac{1}{2}\right) = -1 + j\sqrt{3}$$

3 $\dot{F} = \dfrac{2-j2}{4-j3} = \dfrac{(2-j2)(4+j3)}{(4-j3)(4+j3)} = \dfrac{8+6+j(6-8)}{16+9} = \dfrac{14}{25} - j\dfrac{2}{25} = 0.56 - j0.08$

4 以下のように $-\dot{F}$ は原点に対して対称な位置で，$a\dot{F}$ は偏角の等しい直線上にある．

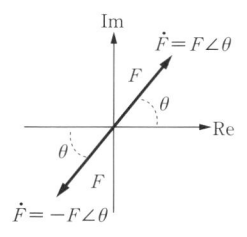

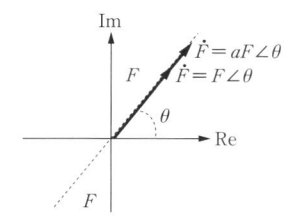

解図 2

また，$\dot{Z} = -j$，$\dot{Z} = 1+j$，$\dot{Z} = 2e^{j\frac{\pi}{2}}$，$\dot{Z} = 2\angle\pi$ は以下．

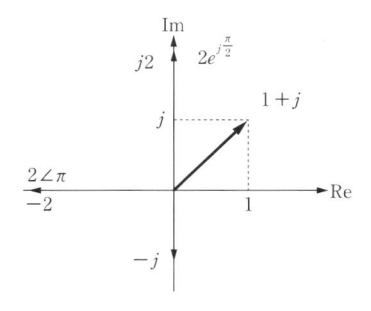

解図 3

5 $\dot{F}_1 = 1+j = \sqrt{2}\angle 45°$，$\dot{F}_2 = -j = 1\angle(-90°)$ について

直交座標表示で積 $\dot{F}_1\dot{F}_2 = (1+j)(-j) = 1-j$

また極座標表示では

$\dot{F}_1\dot{F}_2 = (\sqrt{2}\angle 45°)\{1\angle(-90°)\} = \sqrt{2}\angle(45°-90°) = \sqrt{2}\angle(-45°)$

となる．図のように，$\dot{F}_1\dot{F}_2$ は $\dot{F}_1 = 1+j$ を $\dot{F}_2 = -j$ の偏角 $-90°$ だけ回転させた結果となっている．

演習問題解答

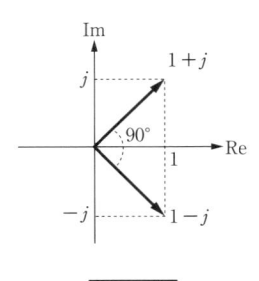

解図4

6 瞬時値では $a(t) = 2\sqrt{2}\sin\left(120t + \dfrac{\pi}{2}\right)$ で，フェーザ表示すると，$\dot{A} = 2\angle\dfrac{\pi}{2}$ となる．

7章

1 まず瞬時値表示では，$i(t) = 2\sqrt{2}\sin\left(120\pi t + \dfrac{\pi}{8}\right)$ 〔A〕

フェーザ表示では，$\dot{V} = 2\angle\dfrac{\pi}{8}$

2 フェーザ表示で，電圧 $\dot{V} = \dfrac{6}{\sqrt{2}}\angle\dfrac{\pi}{3} = 3\sqrt{2}\angle\dfrac{\pi}{3}$ 〔V〕

電流 $\dot{I} = \dfrac{2}{\sqrt{2}}\angle\dfrac{\pi}{6} = \sqrt{2}\angle\dfrac{\pi}{6}$ 〔A〕

電圧の位相角が電流のそれより $\pi/6$ 〔rad〕大きい．フェーザ図は以下．

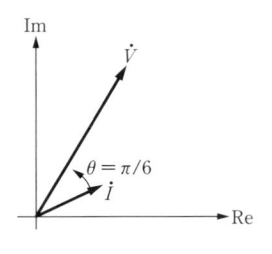

解図5

3 フェーザ電圧・電流の位相角差がないので，これは抵抗である．また，その場合，$\dot{V} = R\dot{I}$ で，$|\dot{V}$〔V〕$|/|\dot{I}$〔A〕$| = R$〔Ω〕なので，$R = 2$ Ω．

4 電圧・電流の位相角差が $\pi/2$〔rad〕で，電圧のほうが進んでいるので，これはインダクタである．また，その場合 $\dot{V} = j\omega L\dot{I}$ で，$|\dot{V}$〔V〕$|/|\dot{I}$〔A〕$| = \omega L = 5$ Ω なので，

$L = 5/\omega = 5 \times 10^{-3}\,\text{H} = 5\,\text{mH}$ となる．

8章

1 電流 $\dot{I} = \dfrac{\dot{V}}{\dot{Z}} = \dfrac{20}{2\angle(\pi/3)} = 10\angle\left(-\dfrac{\pi}{3}\right) = 10\left(\dfrac{1}{2} - j\dfrac{\sqrt{3}}{2}\right) = (5 - j5\sqrt{3})\,\text{A}$ となる．

2 インピーダンス $\dot{Z} = \dfrac{\dot{V}}{\dot{I}} = \dfrac{100\angle 60°}{50\angle 30°} = 2\angle 30°\,[\Omega]$，また直交座標表示では，$\dot{Z} = \sqrt{3} + j\,[\Omega]$ となる．

3 例題 8·3 のように，全体のフェーザ電圧 $\dot{V} = V_e$ で

$$\dot{I} = \dfrac{\dot{V}}{\dot{Z}} = \dfrac{V_e}{R + j\omega L} = \dfrac{V_e}{\sqrt{R^2 + (\omega L)^2}}\angle(-\theta)\,[\text{A}]$$

ただし，$\theta = \tan^{-1}\left(\dfrac{\omega L}{R}\right)\,[\text{rad}]$．

このとき

$$\text{電圧}\ \dot{V}_R = R\dot{I} = R\left(\dfrac{V_e}{\sqrt{R^2 + (\omega L)^2}}\angle(-\theta)\right) = \dfrac{RV_e}{\sqrt{R^2 + (\omega L)^2}}\angle(-\theta)\,[\text{V}]$$

$$\text{電圧}\ \dot{V}_L = j\omega L\left(\dfrac{V_e}{\sqrt{R^2 + (\omega L)^2}}\angle(-\theta)\right) = \dfrac{\omega L V_e}{\sqrt{R^2 + (\omega L)^2}}\angle(-\theta + 90°)\,[\text{V}]$$

となる．位相角の差は，電圧 $\dot{V}_L$ が $\dot{V}_R$ より 90° 進んでいる．

4 インピーダンス $\dot{Z} = R + j\omega L = 1 + j10^3 \cdot 10^{-3} = 1 + j$ となり，極座標表示では $\dot{Z} = \sqrt{2}\angle 45°\,[\Omega]$ となる．

また，アドミタンスはその逆数で，$\dot{Y} = \dfrac{1}{\dot{Z}} = \dfrac{1}{\sqrt{2}\angle 45°} = \dfrac{\sqrt{2}}{2}\angle(-45°)\,[\text{S}]$ が極座標表示で，$\dot{Y} = \dfrac{\sqrt{2}}{2}\left(\dfrac{1-j}{\sqrt{2}}\right) = \dfrac{1}{2} - \dfrac{j}{2}\,[\text{S}]$ が直交座標表示となる．

全体の電流 $\dot{I}$ と電圧 $\dot{V}$ の位相角差はインピーダンスの偏角なので，電圧の位相角が電流のそれより 45° 進んでいる．

5 フェーザ電圧 $\dot{V} = 20\,\text{V}$ で，インピーダンスは

$$\dot{Z} = \dot{Z}_1 + \dfrac{\dot{Z}_2\dot{Z}_3}{\dot{Z}_2 + \dot{Z}_3} = j2 + \dfrac{(4+j4)(4-j4)}{(4+j4)+(4-j4)} = j2 + \dfrac{32}{8} = 4 + j2\,[\Omega]$$

$$\text{電流}\ \dot{I} = \dfrac{\dot{V}}{\dot{Z}} = \dfrac{20}{4 + j2} = \dfrac{20\angle 0}{2\sqrt{5}\angle\theta} = 2\sqrt{5}\angle(-\theta)\,[\text{A}]$$

瞬時値 $i(t) = 2\sqrt{10}\sin(\omega t - \theta)\,[\text{A}]$

ただし，$\theta = \tan^{-1}\dfrac{1}{2}$ [rad] となる．

6 フェーザ電圧 $\dot{V} = 5$ V で，$\dot{Z}_1 + \dot{Z}_2 = 2 + j$ [Ω] なので

$$\text{フェーザ電流 } \dot{I} = \frac{\dot{V}}{\dot{Z}} = \frac{5}{2+j} = \frac{10-j5}{5} = 2 - j \text{ [A]}$$

極座標表示すると，$\dot{I} = \sqrt{5}\angle(-\theta)$ [A]

ただし，$\theta = \tan^{-1}\dfrac{1}{2}$ [rad]

9章

1 $S = |\dot{E}\dot{I}^*| = |\dot{E}|^2 \dfrac{\sqrt{1+\omega^2 C^2 R^2}}{\sqrt{(R+r)^2 + \omega^2 C^2 R^2 r^2}}$

$P = \mathrm{Re}(\dot{E}\dot{I}^*) = |\dot{E}|^2 \dfrac{(R+r) + \omega^2 C^2 R^2 r}{(R+r)^2 + \omega^2 C^2 R^2 r^2}$

$Q = \mathrm{Im}(\dot{E}\dot{I}^*) = -|\dot{E}|^2 \dfrac{\omega C R^2}{(R+r)^2 + \omega^2 C^2 R^2 r^2}$

2 (1) $P = \dfrac{|\dot{E}|^2 R}{R^2 + \left(\omega L - \dfrac{1}{\omega C}\right)^2}$，$Q = \dfrac{|\dot{E}|^2\left(\omega L - \dfrac{1}{\omega C}\right)}{R^2 + \left(\omega L - \dfrac{1}{\omega C}\right)^2}$

(2) $P = \dfrac{|\dot{E}|^2}{R}$，$Q = 0$

(3) $Q_L = \dfrac{\omega L |\dot{E}|^2}{R^2}$，$\dfrac{\omega L}{R}$ 倍，$Q_C = -\dfrac{|\dot{E}|^2}{\omega C R^2}$，$-\dfrac{1}{\omega C R}$ 倍

3 $C = \dfrac{L}{R^2 + \omega^2 L^2}$

4 $P_r = \dfrac{|\dot{E}|^2 r}{(r+R)^2 + X^2}$

$P_R = \dfrac{|\dot{E}|^2 R}{(r+R)^2 + X^2}$

$P'_r = \dfrac{|\dot{E}|^2 r R^2}{(rR + R^2 + X^2)^2}$

$P'_R = \dfrac{|\dot{E}|^2 R(R^2 + X^2)}{(rR + R^2 + X^2)^2}$

5 $R = r$

10章

1 $\begin{bmatrix} E \\ 0 \end{bmatrix} = \begin{bmatrix} R_1 + R_2 + j\omega L_1 & -R_2 \\ -R_2 & R_2 + R_3 + j\omega L_2 \end{bmatrix} \begin{bmatrix} I_1 \\ I_2 \end{bmatrix}$

2 網目方程式 $\begin{bmatrix} 4 \\ 2 \end{bmatrix} = \begin{bmatrix} 2+j2 & 2 \\ 2 & 2-j2 \end{bmatrix} \begin{bmatrix} I_\alpha \\ I_\beta \end{bmatrix}$ を解くことにより

$I_\alpha = 1 - j2$

$I_\beta = -1 + j$

3 $\begin{bmatrix} J \\ 0 \\ 0 \end{bmatrix} = \begin{bmatrix} G_1 + j\omega(C_1 + C_3) & -j\omega C_1 & -j\omega C_3 \\ -j\omega C_1 & G_2 + j\omega(C_1 + C_2) & -j\omega C_2 \\ -j\omega C_3 & -j\omega C_2 & G_3 + j\omega(C_2 + C_3) \end{bmatrix} \begin{bmatrix} V_a \\ V_b \\ V_c \end{bmatrix}$

11章

1 四つの電源のそれぞれに対応する電流を求めると，$-1/3$ A，$-2/3$ A，1 A および 0 A となる．よって四つの合計より $I = 0$ A となる．

2

$Z_0 = \dfrac{R_1(R_2 + j\omega L)}{R_1 + R_2 + j\omega L}$

$E_0 = \dfrac{R_2 + j\omega L}{R_1 + R_2 + j\omega L} E$

解図 6

3

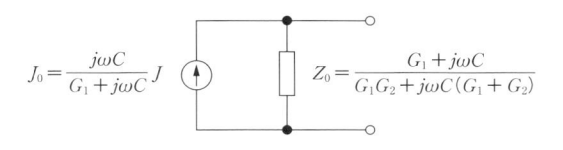

$J_0 = \dfrac{j\omega C}{G_1 + j\omega C} J$ $Z_0 = \dfrac{G_1 + j\omega C}{G_1 G_2 + j\omega C(G_1 + G_2)}$

解図 7

演習問題解答

4

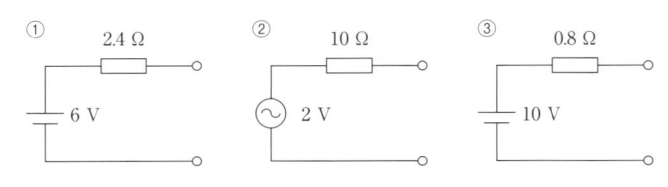

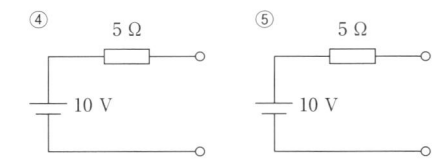

① 2.4 Ω, 6 V (電池)
② 10 Ω, 2 V (交流)
③ 0.8 Ω, 10 V (電池)
④ 5 Ω, 10 V (電池)
⑤ 5 Ω, 10 V (電池)

解図 8

5

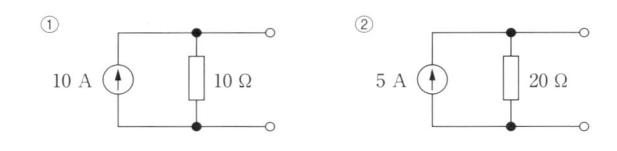

① 10 A, 10 Ω
② 5 A, 20 Ω

解図 9

6

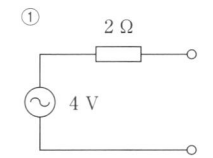

① 2 Ω, 4 V (交流)

解図 10

② $I = 1$ A

7 省略

12章

1 ① $6 + j28$ 〔Ω〕 ② $40 + j40$ 〔Ω〕

2 $I_1 = \dfrac{-jE}{\omega(L_1+L_2-2M)}$

3 $\begin{bmatrix} E_1 \\ 0 \end{bmatrix} = \begin{bmatrix} j\omega L_1 & -j\omega M \\ -j\omega M & j\omega L_2 + R \end{bmatrix} \begin{bmatrix} I_1 \\ I_2 \end{bmatrix}$

4 前問の逆行列を求めた後に，I_2 を E で表すと

$$I_2 = \dfrac{M}{L_1 R + j\omega(L_1 L_2 - M^2)} E$$

となる．分母の虚数部が 0 になればよいので，$L_1 L_2 = M^2$ が条件となる．

5 $V_4 = \dfrac{M_1 M_2}{L_1(L_2+L_3) - M_1^{\,2}} E$

13 章

1 (a) $16 + j32$ 〔Ω〕 (b) $45 + j45$ 〔Ω〕

2 （1） $R = 16\,\Omega$, $V_1 = 4\,\mathrm{V}$, $I_1 = 0.25\,\mathrm{A}$, $P = 1\,\mathrm{W}$
（2） $V_1 = 1.6\,\mathrm{V}$, $I_1 = 0.4\,\mathrm{A}$, $P = 0.64\,\mathrm{W}$
（3） $n = 2$, $V_1 = 4\,\mathrm{V}$, $I_1 = 0.25\,\mathrm{A}$, $V_2 = 2\,\mathrm{V}$, $I_2 = 0.5\,\mathrm{A}$, $P = 1\,\mathrm{W}$

3 $Y = j\omega C (n-1)^2 + \dfrac{n^2}{R}$ 〔S〕

14 章

1 $Y = j(\omega C - 1/\omega L) = 0$ より，共振角周波数は，$\omega_0 = 1/\sqrt{LC}$. $I_C = j\omega_0 C E$, $I_L = -jE/\omega_0 L$ より，フェーザ図は次のようになる．

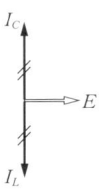

解図 11

2 $\omega = 2\pi f = 2\pi/T$ であるので

$$Q_L = \dfrac{\omega L}{R} = \dfrac{2\pi L}{TR} = \dfrac{2}{\pi} \cdot \dfrac{L|I|^2}{TR|I|^2} = 2\pi \dfrac{(1/2)L|I_m|^2}{TR|I|^2}$$

ただし，I および I_m はそれぞれ電流の実効値および振幅である．

演習問題解答

$$Q_C = \frac{\omega C}{G} = \frac{2\pi C}{TG} = 2\pi \frac{C|V|^2}{TG|V|^2} = 2\pi \frac{(1/2)C|V_m|^2}{TG|V|^2}$$

ただし，V および V_m はそれぞれ電圧の実効値および振幅である．

3 反共振角周波数は $\omega_0 = 1/\sqrt{LC}$ であるので，$C = 1/\omega_0^2 L$ となる．これに，対象となる周波数を代入して求めると，98.4 pF $< C <$ 886 pF

15章

1 $\pi/6$（30°）

2 (a) $\dot{E}/R$, (b) $\dot{E}e^{j\frac{\pi}{6}}/\sqrt{3}R$

3 $3\dot{E}/R$

4 10 A

5 $\begin{bmatrix} \dot{V}_0 \\ \dot{V}_1 \\ \dot{V}_2 \end{bmatrix} = \begin{bmatrix} R + j\omega L + j2\omega M & 0 & 0 \\ 0 & R + j\omega L - j\omega M & 0 \\ 0 & 0 & R + j\omega L - j\omega M \end{bmatrix} \begin{bmatrix} \dot{I}_0 \\ \dot{I}_1 \\ \dot{I}_2 \end{bmatrix}$

6 皮相電力 3.46 kVA，有効電力 2.77 kW，無効電力 2.08 kvar

索 引

■ ア 行 ■

アース　4
アドミタンス　60
網目電流法　89
網目方程式　90

位　相　37
位相角　37, 40
イミタンス　60
インダクタ　9
インダクタンス　14
インピーダンス　60

オイラーの式　45
オームの法則　11
温度係数　13

■ カ 行 ■

開　放　14
開放電圧　97
角周波数　37
重ね合わせの理　94, 142

起電力　3
逆相成分　146
キャパシタ　9, 18
キャパシタンス　19
共　振　126

共振回路　124
共振角周波数　125
共振周波数　125
共役複素数　43
極形式　45
極座標表示　45
キルヒホッフの電圧則　87
キルヒホッフの電流則　87

合成コンダクタンス　24
合成抵抗　24
交　流　7, 36
　——のフェーザ表示　49
交流電圧源　8
交流電源　3
交流電流源　8
交流の複素数表示　49
コンダクタンス　12, 23, 62
コンデンサ　18

■ サ 行 ■

サセプタンス　62
三相交流回路　138
三相交流電源　138

磁気エネルギー　74
自己インダクタンス　15
自己誘導起電力　107
磁束　14

索　引

実効値　*39, 72*
周　　期　*7, 37*
周波数　*7, 37*
受動素子　*8*
ジュール熱　*5*
瞬時電力　*71*
省エネルギー　*82*
消費電力　*71*

整　合　*102*
正相成分　*146*
静電エネルギー　*75*
静電容量　*19*
節　点　*85*
節点アドミタンス行列　*91*
節点電位法　*91*
節点方程式　*91*
零相成分　*146*
線間電圧　*142*
線形素子　*9*
線電流　*142*

相互インダクタンス　*108*
相電圧　*139*

■タ　行■

待機電力　*82*
対称座標成分　*145*
対称座標法　*144*
短　絡　*14*
短絡電流　*98*

中性線　*143*
中性点　*138*
直並列回路　*29*

直　流　*7*
直流電圧源　*8*
直流電源　*3*
直流電流源　*8*
直列共振　*128*
直列合成抵抗　*24*
直列接続　*22*
直交座標表示　*44*

定格電力　*71*
抵　抗　*9, 12, 62*
電　圧　*4*
電圧計　*9*
電圧源　*8*
電圧降下　*12*
電　位　*85*
電位差　*4*
電　荷　*2*
電　子　*1*
電　流　*2*
電流計　*9*
電流源　*8*
電　力　*5*
電力量　*6*

トランジスタ　*9*

■ナ　行■

内部インピーダンス　*98*

熱の仕事当量　*6*

能動素子　*8*
ノートンの定理　*100*

ハ 行

倍率器　26
波高値　37, 72
反共振　134
半値幅　131

非線形素子　9
皮相電力　78
比帯域幅　131

ファラデーの電磁誘導の法則　16
フェーザ　50
フェーザ図　53
負荷電流　150
複素共役　81
複素数　43
複素電力　81
複素平面　44
ブリッジ回路　32, 68
　　──の平衡条件　34
分　圧　25
分　流　25
分流器　27

平均電力　72
平衡負荷　142
並列共振　134
並列合成抵抗　24
並列接続　23
閉　路　87
閉路インピーダンス行列　89
閉路電流法　89
閉路方程式　90
ベクトルオペレータ　144

変圧器結合回路　116

鳳・テブナンの定理　99

マ 行

マクスウェルブリッジ　68

右ねじの法則　14
密結合　115
脈　流　7

無効電力　77

ヤ行・ラ行

有効電力　77
誘導起電力　16
誘導性インピーダンス　62

容量性インピーダンス　62

リアクタンス　62
力　率　78
力率改善　78
理想変圧器　118

ループ　87

英字・記号

Q値　127

VA　78
var　77
V結線　142

Y-△変換　32

索　　引

Y結線　*139*

Y接続　*31*

△-Y変換　*32*

△結線　*139*

△接続　*31*

〈編者・著者略歴〉

黒木修隆（くろき のぶたか）
1995年　神戸大学大学院自然科学研究科システム科学専攻博士課程修了
1995年　博士（工学）
現　在　神戸大学大学院工学研究科電気電子工学専攻准教授

井上一成（いのうえ かずなり）
2005年　広島大学大学院先端物質科学研究科半導体集積科学専攻博士課程修了
2005年　博士（工学）
現　在　奈良工業高等専門学校情報工学科教授

浅井文男（あさい ふみお）
1984年　大阪大学大学院理学研究科物理学専攻博士後期課程修了
1984年　理学博士
現　在　奈良工業高等専門学校情報工学科教授

森脇和幸（もりわき かずゆき）
1982年　大阪大学大学院基礎工学研究科物理系専攻電気工学分野博士後期課程修了
1982年　工学博士
現　在　神戸大学大学院工学研究科電気電子工学専攻准教授

竹野裕正（たけの ひろまさ）
1987年　京都大学大学院工学研究科電子工学専攻修士課程修了
1996年　博士（工学）
現　在　神戸大学大学院工学研究科電気電子工学専攻准教授

芳賀　宏（はが ひろし）
1984年　大阪大学基礎工学研究科物理系専攻博士後期課程単位取得退学
1985年　工学博士
現　在　摂南大学理工学部電気電子工学科教授

- 本書の内容に関する質問は，オーム社書籍編集局「（書名を明記）」係宛に，書状またはFAX（03-3293-2824），E-mail（shoseki@ohmsha.co.jp）にてお願いします．お受けできる質問は本書で紹介した内容に限らせていただきます．なお，電話での質問にはお答えできませんので，あらかじめご了承ください．
- 万一，落丁・乱丁の場合は，送料当社負担でお取替えいたします．当社販売課宛にお送りください．
- 本書の一部の複写複製を希望される場合は，本書扉裏を参照してください．
JCOPY　＜（社）出版者著作権管理機構 委託出版物＞

OHM大学テキスト
電　気　回　路　I

平成24年9月20日　　第1版第1刷発行
平成27年3月20日　　第1版第2刷発行

編 著 者　黒木修隆
発 行 者　村上和夫
発 行 所　株式会社　オーム社
　　　　　郵便番号　101-8460
　　　　　東京都千代田区神田錦町3-1
　　　　　電話　03(3233)0641（代表）
　　　　　URL　http://www.ohmsha.co.jp/

© 黒木修隆 2012

印刷　三美印刷　　製本　関川製本所
ISBN978-4-274-21254-3　Printed in Japan

ハンディブック 電気 改訂2版

桂井　誠　監修
A5判・604頁

本書の特長

1. どこから読んでもすばやく理解できます！
2. 学習しやすい内容で構成しています！
3. 短時間で知識の整理ができます！
4. 理解を助ける事項も網羅しています！
5. わかりやすく工夫した図表を豊富に掲載！
6. 電気工学の基礎から応用まで体系的に理解できる！

● 目 次

- 第1章　直流回路
- 第2章　静電気と磁気
- 第3章　交流回路
- 第4章　電子回路の基礎
- 第5章　電気電子計測
- 第6章　自動制御
- 第7章　電気機器とパワーエレクトロニクス
- 第8章　電力システム
- 第9章　設備と電気
- 第10章　電気技術応用

もっと詳しい情報をお届けできます．
◎書店に商品がない場合または直接ご注文の場合も右記宛にご連絡ください．

ホームページ http://www.ohmsha.co.jp/
TEL／FAX TEL.03-3233-0643　FAX.03-3233-3440

絵ときでわかるシリーズ

基礎知識を豊富な図と2色刷でわかりやすく解説した基本書

髙橋 寛 監修

絵ときでわかる 電気理論
福田 務・栗原 豊・向坂栄夫・星野達哉 共著
A5判／240頁

絵ときでわかる 電気回路
岩澤孝治・中村征壽・白川 真 共著
A5判／212頁

絵ときでわかる 電気磁気
福田 務・坂本 篤 共著
A5判／184頁

絵ときでわかる 電気電子計測
熊谷文宏 著
A5判／212頁

絵ときでわかる シーケンス制御
山崎靖夫・郷 冨夫 共著
A5判／192頁

絵ときでわかる 情報通信
橋本三男・磯上辰雄・山本 誠 共著
A5判／224頁

絵ときでわかる 電子回路
福田 務・栗原 豊・向坂 栄夫・扇 浩治 共著
A5判／260頁

絵ときでわかる ディジタル回路
内山明治・堀江俊明 共著
A5判／184頁

絵ときでわかる オペアンプ回路
内山明治・村野 靖 共著
A5判／204頁

絵ときでわかる トランジスタ回路
飯髙成男・田口英雄 共著
A5判／204頁

絵ときでわかる パワーエレクトロニクス
粉川昌巳 著
A5判／172頁

絵ときでわかる モータ技術
飯髙成男・岡本裕生・關 敏昭 共著
A5判／194頁

もっと詳しい情報をお届けできます。
○書店に商品がない場合または直接ご注文の場合も右記宛にご連絡ください。

ホームページ http://www.ohmsha.co.jp/
TEL／FAX TEL.03-3233-0643 FAX.03-3233-3440

新インターユニバーシティシリーズ のご紹介

- 全体を「共通基礎」「電気エネルギー」「電子・デバイス」「通信・信号処理」「計測・制御」「情報・メディア」の6部門で構成
- 現在のカリキュラムを総合的に精査して，セメスタ制に最適な書目構成をとり，どの巻も各章1講義，全体を半期2単位の講義で終えられるよう内容を構成
- 現在の学生のレベルに合わせて，前提とする知識を並行授業科目や高校での履修課目にてらしたもの
- 実際の講義では担当教員が内容を補足しながら教えることを前提として，簡潔な表現のテキスト，わかりやすく工夫された図表でまとめたコンパクトな紙面
- 研究・教育に実績のある，経験豊かな大学教授陣による編集・執筆

電子回路
岩田 聡 編著 ■ A5判・168頁

【主要目次】 電子回路の学び方／信号とデバイス／回路の働き／等価回路の考え方／小信号を増幅する／組み合わせて使う／差動信号を増幅する／電力増幅回路／負帰還増幅回路／発振回路／オペアンプ／オペアンプの実際／MOSアナログ回路

ディジタル回路
田所 嘉昭 編著 ■ A5判・180頁

【主要目次】 ディジタル回路の学び方／ディジタル回路に使われる素子の働き／スイッチングする回路の性能／基本論理ゲート回路／組合せ論理回路（基礎／設計）／順序論理回路／演算回路／メモリとプログラマブルデバイス／A-D, D-A変換回路／回路設計とシミュレーション

電気・電子計測
田所 嘉昭 編著 ■ A5判・168頁

【主要目次】 電気・電子計測の学び方／計測の基礎／電気計測（直流／交流）／センサの基礎を学ぼう／センサによる物理量の計測／計測値の変換／ディジタル計測制御システムの基礎／ディジタル計測制御システムの応用／電子計測器／測定値の伝送／光計測とその応用

システムと制御
早川 義一 編著 ■ A5判・192頁

【主要目次】 システム制御の学び方／動的システムと状態方程式／動的システムと伝達関数／システムの周波数特性／フィードバック制御系とブロック線図／フィードバック制御系の安定解析／フィードバック制御系の過渡特性と定常特性／制御対象の同定／伝達関数を用いた制御系設計／時間領域での制御系の解析・設計／非線形システムとファジィ・ニューロ制御／制御応用例

パワーエレクトロニクス
堀 孝正 編著 ■ A5判・170頁

【主要目次】 パワーエレクトロニクスの学び方／電力変換の基本回路とその応用例／電力変換回路で発生するひずみ波形の電圧，電流，電力の取扱い方／パワー半導体デバイスの基本特性／電力の変換と制御／サイリスタコンバータの原理と特性／DC-DCコンバータの原理と特性／インバータの原理と特性

電気エネルギー概論
依田 正之 編著 ■ A5判・200頁

【主要目次】 電気エネルギー概論の学び方／限りあるエネルギー資源／エネルギーと環境／発電機のしくみ／熱力学と火力発電のしくみ／核エネルギーの利用／力学的エネルギーと水力発電のしくみ／化学エネルギーから電気エネルギーへの変換／光から電気エネルギーへの変換／熱エネルギーから電気エネルギーへの変換／再生可能エネルギーを用いた種々の発電システム／電気エネルギーの伝送／電気エネルギーの貯蔵

電力システム工学
大久保 仁 編著 ■ A5判・208頁

【主要目次】 電力システム工学の学び方／電力システムの構成／送電・変電機器・設備の概要／送電線路の電気特性と送電容量／有効電力と無効電力の送電特性／電力システムの運用と制御／電力系統の安定性／電力システムの故障計算／過電圧とその保護・協調／電力システムにおける開閉現象／配電システム／直流送電／環境にやさしい新しい電力ネットワーク

メディア情報処理
末永 康仁 編著 ■ A5判・176頁

【主要目次】 メディア情報処理の学び方／音声の基礎／音声の分析／音声の合成／音声認識の基礎／連続音声の認識／音声認識の応用／画像の入力と表現／画像処理の形態／2値画像処理／画像の認識／画像の生成／画像応用システム

もっと詳しい情報をお届けできます。
○書店に商品がない場合または直接ご注文の場合は右記宛にご連絡ください。

ホームページ http://www.ohmsha.co.jp/
TEL／FAX TEL.03-3233-0643 FAX.03-3233-3440